探寻海洋的秘密丛书

海洋之谜

谢宇　主编

花山文艺出版社

河北·石家庄

图书在版编目（CIP）数据

海洋之谜 / 谢宇主编. -- 石家庄：花山文艺出版
社，2013.6（2022.3重印）
　（探寻海洋的秘密丛书）
　ISBN 978-7-5511-1091-4

　Ⅰ. ①海… Ⅱ. ①谢… Ⅲ. ①海洋－青年读物②海洋
－少年读物 Ⅳ. ①P7-49

中国版本图书馆CIP数据核字(2013)第128579号

丛 书 名：探寻海洋的秘密丛书
书　　　名：海洋之谜
主　　　编：谢　宇
责任编辑：贺　进
封面设计：慧敏书装
美术编辑：胡彤亮
出版发行：花山文艺出版社（邮政编码：050061）
　　　　　　（河北省石家庄市友谊北大街 330号）
销售热线：0311-88643221
传　　真：0311-88643234
印　　刷：北京一鑫印务有限责任公司
经　　销：新华书店
开　　本：880×1230　1/16
印　　张：10
字　　数：160千字
版　　次：2013年7月第1版
　　　　　　2022年3月第2次印刷
书　　号：ISBN 978-7-5511-1091-4
定　　价：38.00元

目　录

海水起源之谜

一直以来，人们普遍都认为，海水是地球本身所固有的。当地球从原始太阳星云中凝聚出来的时候，便携带着这部分水。起初它们只是以结构水、结晶水等形式存在于矿物和岩石之中。后来，随着地球的不断演化，轻重物质的分离，它们便逐渐从矿物、岩石中释放出来，成为海水的来源。据此，一些人认为，这些水便是从地球深部释放出来的"初生水"。

然而，事情的进一步发展却大大超出了当时人们的想象力：当人们对这种所谓的火山"初生水"进行同位素研究时，却意外地发现，它们是由与地面水具有十分相似的同位素组成的，结果表明，它们实际上只不过是渗入地下然后又重新循环到地表的地面水。

有人认为，地球上的水，至少是大部分水，不是地球所固有的，而是撞入地球的彗星带来的。近年，美国伊阿华大学的一些科学家，从人造卫星发回的数千张地球大气紫外辐射照片中发现了一个惊人的事实：在圆盘状的地球图像上总有一些奇怪的小黑斑。每个小黑斑大约只存在二三分钟，面积却很大，约有2000平方千米。经过仔细检测分析后，他们一致认为，这些斑点是一些由冰块组成的小彗星冲入地球大气层造成的，是这种陨冰由于摩擦生热转化成水蒸气的结果。从照片还可估算出每分钟约有20颗这种小彗星进入地球，若其平均直径为10米，则每分钟就有1000立方米水进入地球，一年即可达0.5立方千米左右。据此可以推论，自地球形成至今的46亿年中，将有23亿立方千米的彗星水进入地球。这个数字显然大大超过现有的海水总量。但是，伊阿华大学的科学家们的意见是否可靠，还有待验证。

另一些科学家相信水是地球固有的。他们指出，虽然有证据表明火山蒸气与热泉水是主要来自地面水的循环，但却不排斥其中可能混有少量真正的"初生水"。据计算，如果过去的地球一直维持与现在火山活动时所释放出来水汽总量相同的水汽释放量，那么几十亿年来的累计总量将是现在地球大气和海洋总体积的100倍。所以他们认为，其中99%是周而复始参加不断循环的水，但却有1%是来自地幔的"初生水"。而正是这部分水构成了海水的来源。

还有一部分学者认为，因为地球条件适中，才能使原有的水能够长期保存下来。因此，他们认为，不能从地球近邻目前的贫水状态来推论地球早期也是贫水的。

总之，至今，关于海水来源的争论，仍然有很多种意见一直相持不下。要想揭开谜底，仍然需要很长的时间和付出艰辛的努力。

特提斯洋演化之谜

众所周知，喜马拉雅山历来都被称作世界屋脊。然而，近代地质学家们通过大量的研究发现：沿阿尔卑斯——喜马拉雅一带，分布着大量侏罗纪的海相沉积。1885年，奥地利学者诺伊迈尔首先指出，当时沿这一带曾展现着一条海水通道。1893年，他的岳父——著名奥地利学者修斯进一步提出，这一侏罗纪海域实际上是一个洋，它位于北方大陆与冈瓦纳大陆之间，后来因为遭受挤压而消失。其变形岩石形成了今日所见的阿尔卑斯——喜马拉雅山系。为了强调它不是浅海，而是深洋，修斯把它命名为特提斯洋。特提斯是希腊神话中大洋神的妻子和妹妹。现在，特提斯洋差不多已完全消失，仅留下残存的地中海，所以特提斯洋也叫古地中海。

20世纪70年代晚期以来，人们已经在侏罗纪白垩纪蛇绿岩带以北，沿高加索、帕米尔、藏北至金沙江一带，找到了二叠纪、三叠纪的蛇绿岩带。于是，学者们划分了两个世代的特提斯，即二叠纪、三叠纪的特提斯洋和修斯所称的侏罗纪及更晚时期的新特提斯。

特提斯洋是怎样演化而最终消失的？对此也有不同的看法。我国著名学者黄汲清等认为，二叠纪期间冈瓦纳大陆曾整体向北漂移，至二叠纪末与亚洲大陆碰撞汇合，其间的古特提斯洋闭合消逝；至三叠纪，已聚合的大陆再度分裂，分裂线移至雅鲁藏布江一带，冈瓦纳大陆脱离亚洲大陆南移，其间张开了新特提斯洋，原属冈瓦纳的西藏地块此时被留在新特提斯洋以北的亚洲大陆上；白垩纪以来，印度从冈瓦纳大陆分裂出来向北漂移，印度以北的新特提斯洋收缩变窄；大约4000多万年前，印度与亚洲大陆主体碰撞，在此过程中，古特提斯洋关闭，新特提斯洋开启，所以称为手风琴式。该模式要求印度(冈瓦纳大陆的组成部分)经历北移——南移——再度北移的复杂历程。可是，印度的古地磁资料表明，原处于南半球高纬地区的印度自二叠纪以来并未发生过向南漂移的过程，在早期其所处纬度变化不大，白垩纪以来曾经快速北移。

我国另一些学者以及某些国外学者则认为，并不是冈瓦纳整体地向北漂移，而是冈瓦纳大陆北缘曾分裂出一些陆块向北漂移，并相继焊接到欧亚大陆上。土耳其青年学者森戈尔比较详细地论述了这一过程：二叠纪末至三叠纪，从冈瓦纳北缘裂出一个狭长的基米里大陆，它包括现今巴尔干、土耳其、伊朗、阿富汗、西藏等地，在基米里大陆与原冈瓦纳之间打开了新特提斯洋；此后，基米里大陆作逆时针旋转并向北漂移，其前

方与欧亚大陆之间的大洋趋于关闭；三叠纪晚期至侏罗纪早期，随着基米里大陆与欧亚大陆碰撞，并成为欧亚大陆的组成部分，古特提斯洋完全消逝，而其南面的新特提斯洋达到较大的规模；白垩纪早期，印度从冈瓦纳分裂出来向北漂移，最终与亚洲主体碰撞，导致新特提斯洋的关闭和喜马拉雅山的形成。现今的雅鲁藏布江蛇绿岩带便是已消逝的新特提斯洋遗下的痕迹，人们称之为聚合带。西藏北部的可可西里—金沙江断裂带和班公湖—怒江断裂带上，见有时代更老的蛇绿岩带，它们是古特提斯洋的遗迹，属于更早时期形成的地缝合线。

由此看来，已经有两个时代不同的特提斯先后闭合消逝于欧亚大陆的内部。在大洋闭合和大陆碰撞的过程中，升起了巍峨山系，形成了世界屋脊。因此，特提斯洋究竟是浩瀚的大洋，还是狭窄的小洋，它的闭合过程是分小块北漂式还是手风琴式，迄今仍存在着完全对立的意见。我们期待着新的研究成果能揭开特提斯洋演化之谜，这对于阐明大洋盆地的发展和消亡过程，无疑是大有裨益的。

死海之谜

死海不是海，而是一个内陆湖，它位于西亚南端，全长75千米，宽15千米，海拔392米。在希伯来语中，死海被称为"盐海"。这是因为死海的含盐浓度为22%，比一般海水高8.9倍，是世界上含盐分最多的一个水域。

在死海这样高盐度的湖水中，不仅没有鱼虾，甚至四周岸边任何植物都不能生存。鱼儿顺着约旦河遨游，但只要接触到死海，就会立即死去；人们只要尝尝这里的水，舌头就会感到一阵刺痛。由于水的密度大，游人可以像躺在床上一样舒适地仰卧在水面上。

长期以来，在死海的前途命运问题上，一直存在着两种截然不同的观点：一种认为，死海在日趋干涸，不久的将来，死海将不复存在，死海的前途是"死"定了；另一种观点则

认为，死海并非是没有生命的死水，而且它的前途无量，是未来的世界大洋。

持前一种观点的人认为，在几千年漫长的岁月中，死海日复一日、年复一年地不断蒸发浓缩，湖水越来越少，盐度越来越高。加上那里终年少雨，夏季气温高达50摄氏度以上。唯一向它供水的约旦河，还要被用于灌溉，所以它面临着水源枯竭的危险。1976年，死海水位迅速下降，其南部开始干涸。即使以色列想用"输血"方式，开通死海与地中海的联系，但很多证据说明地中海本身的平衡也很脆弱，亦有入不敷出之忧。所以，从长远看，死海似乎只有厄运在等待。

然而另一种观点则从地质构造的角度来考虑，认为死海位于著名的叙利亚—非洲大断裂带的最低处，而这个大断裂带还正处于幼年时期，终

有一天，死海底部会产生裂缝，从地壳深处冒出海水，随着裂缝的不断扩大，生长出一个新的海洋。这一观点的一个有力佐证是，与死海处于同一构造带上的红海，其海底已发现了一条深2800米的大裂缝，而且在缓慢发展，从地壳深处正不断地冒出盐水。

20世纪80年代初，人们又发现死海之水正不断变红，经科学家分析研究，发现其中正迅速繁衍着一种红色的小生命——"盐菌"。其数量之多也十分惊人，大约每立方厘米海水中含有2000亿个盐菌。另外，人们还发现死海中尚有一种单细胞藻类植物。加之水中有人们需要的丰富的海盐、氯化镁、氯化钾、氧化钙和溴化镁等矿物质，因而死海之名已名不副实了。

尽管如此，预言死海将死的人还是大有人在，因为严酷的现实仍是湖水在减少，干涸的威胁在扩大，而那乐观的前途仅是建立在地质学上的假说——板块理论基础上的。因此，死海的生死存亡，仍然是一个难解的谜。

莫霍面之谜

早在20世纪50年代，美国两位年轻的海洋科学家就在酝酿着一个大胆的科学研究计划——深海钻探计划。他们最初的目的是，花钱去建造一艘海洋钻探船，开到大洋上，找到适当位置，在大洋底钻一些钻孔，取出洋底的岩芯，用来观察和研究莫霍面的性质。

什么是"莫霍面"呢？它是指在地球地壳与下面的地幔间存在的那个过渡界面，这个界面是南斯拉夫地球物理学家莫霍洛维奇，在研究地震波在地壳内部传播时第一次发现的。为了纪念莫氏的功绩，地球物理学界便把这个界面叫作"莫霍面"。

现在已经知道，莫霍面处于大陆平均深度30千米左右，在海洋底平均深度在5千米左右。其中在大洋中脊一带还要大大小于5千米的深度，有人推测，有的地方可能只有1千米左右。

后来，人们把这项科学考察计划就叫"莫霍面计划"。

"莫霍面计划"提出后不久，就得到了美国国会的批准，并收到一笔数量可观的经费支持。1961年计划正式开始实施。当时，科学家们建造了一艘叫"卡斯一"号的科学钻探船，在美国西海岸外的东太平洋上，进行了第一次深海钻探。此地的海水深度为3500米，下面属太平洋底的洋底地壳。深海钻探钻进洋壳达183米，虽说这个深度离地壳底还差得很远，但毕竟是人类有史以来第一次得到大洋底的岩芯。

由于技术与经费等原因，此项计划于1966年夭折，钻透地壳的梦想也没有实现。但是，"莫霍面计划"仍然取得了非凡的成功，它向世界宣告，人类向深海进军的号角吹响了！

自"莫霍面计划"开始，接着是深海钻探计划，一直到今天，已连续开展工作达40多年。科学家们从大西洋的大洋中脊，到东太平洋的海隆；从印度洋、地中海到南极洲海岸外，遍访世界各大洋许多海区，取得了前所未有的科学成果，使人们对于海洋地质、地壳演化认识有了一个质的飞跃。一个被称为引起地球科学革命的崭新的学说——海底扩张与板块学说正式确立，成为主导今天地球科学最基本的理论框架。

深海钻探采到了距今1.7亿年以前(中侏罗纪)的大洋底最古老的地层，在这些古老地层中找到不少化石新种。另外，在调查中发现大量海底火山、海底热泉，大片的锰结核分布区，以及油气、多金属软泥、硫化金属矿床等有用矿体，为日后全球海洋大开发提供了大量有用的资料。

然而，丰厚的科学成果并没有实现两个美国年轻人最初的梦想。当然，人们也不能通过这些有限深度的钻孔去了解更深层的海底奥秘。

我们相信，随着科学技术的发展，人类总会有一天实现自己追求的奋斗目标，尽管这个目标现在看来还十分遥远，要走的路仍然很长很长。

古扬子海消失之谜

我国大陆西起四川、云南的东部，东到江浙沿海的长江中下游地区，由于有长江穿流而过，故称为扬子地区。这里山河秀丽，物产丰富，文化历史悠久，被誉为我国人杰地灵的半壁江山。目前，扬子地区西部是山峦峻拔的云贵高原和富足的四川盆地，东部是连绵起伏的丘陵山地和平畴千里的沿海长江三角洲平原。地质工作者证实，这一地区是经过漫长的地质发展历史和剧烈的地壳运动以后才显露出来的。然而，你可知道，6亿年前的扬子地区，曾有过一段海洋——古扬子海的历史吗？大海历时36亿年，在距今24亿年前，又神秘地消失了。

根据古扬子海中保留的沉积岩和岩石中的动植物化石分析，人们了解到，当时古扬子海大部分时间处于温暖的气候环境之中，相当于目前热带—亚热带的情况。温暖湿润的气候，使海洋生物大量繁殖，它们死亡后的骨骼堆积在海底，形成巨厚的碳酸钙沉积。经过长期的变化，这些沉积就成为目前陆地上数千米厚的石灰岩。在海陆交互地带，还可形成煤等矿藏。当气候炎热干燥时，海水大量蒸发，海底便形成了石膏和白云岩沉积。古扬子海西部，地壳活动显著，局部地区的海底抬升，成为陆地，或形成一些岛屿。众多的岛屿连成一串，成为岛弧。距今2亿多年时，目前峨眉山所在位置有岩浆从深处喷发上来，形成巨厚的玄武岩层，构成今日峨眉山的一部分。古扬子海的东部，大部分时间则是稳定而宁静的海洋。

从地层中所保存的生物化石看来，古扬子海并不是一个孤立的海洋，它的东部穿过目前东海与广阔的太平洋相通；西部与一系列海盆相连，直达印度洋和大西洋，因为这里既有大西洋的生物群化石，又有太平洋中的生物群化石。古扬子海底沉积岩中含有丰富的磷、铁、锰、钒、铀等金属矿产和石油、天然气、石膏、岩盐等非金属矿产，水泥原料石灰岩更是普遍。

然而，距今2.4亿年前，古扬子海消失了。这一现象，引起了学者们的争论。我国学者黄汲清等认为，这是地壳上升，海水渐渐从东西两侧退出去的结果。在海底上升的同时，花岗岩等岩浆侵入上来，带来了铁、铜、铅、锌、锑、金和汞等金属矿产。板块学说的拥护者们则有不同的看法。许靖华教授等认为，古扬子海介于华北板块与华南板块之间，由于南北两地块不断靠拢，把海水挤了出去，因而造成古扬子海的消失。然而，无论是升沉说还是板块扩张说，都很难证据确凿地证实升沉或扩张的原动力所在。

大西洋中脊之谜

仅次于太平洋的世界第二大洋——大西洋，是古罗马人根据非洲西北部的阿特拉斯山脉命名的。大西洋也是最年轻的海洋，它是由大陆漂移引起美洲大陆与欧洲和非洲大陆分离后而形成的，分离的中央是大西洋海岭，它是地球上最大的山脉——大西洋中脊的一部分，大洋中脊绵亘4万多海里，宽约1500千米。

很多年以前，有经验的航海家横渡大西洋时，就感觉到大西洋中部似乎有一条平行于子午线的水下山脊。随着深海测量技术的发展和海洋地质工作者的不断深入探索，人们已经证实了这条巨大的大西洋中脊的存在。

大西洋中脊有一个引人注目的特点就是沿着中脊的轴部，有一条纵向的中央裂谷。它把脊岭从中间劈开，像尖刀一样插入海脊中央。由"无畏"号和"发现"号考察船

证实，断裂谷深度在3250～4000米之间，宽9千米。大裂谷中央完全没有或者只有薄层沉积物，表明这个区域的洋底是由新形成的岩石构成的。曾两次潜入大西洋中脊裂谷的海尔茨勒说："我的印象是，海底就像一个来回游荡并捣毁着的大力士，而且很明显它是一个正在忙着制造地震和火山的可怕的地方。"科学家通过潜水器的窗孔，看到了一些人类从未见过的景象，如一些洋底基岩就像一个巨大的破鸡蛋，其流出的蛋黄，则像刚流出来就被冷凝似的（一团团岩浆从地球深处被挤上来，当它和极冷的海水接触时，很快就在它的周围凝成一层外壳。后来外壳破了，里面的熔融体就流出来形成这种外观）。潜水器里的科学家还看到裂谷底面有许多很深的裂隙，见到一块块玻璃状外壳，还有长在熔岩上面的像蘑菇盖般的岩石

以及各种奇形怪状的巨大熔岩体。它们有的像一条钢管，有的像一块薄板，有的像绳子或圆锥体，有的像一卷卷棉纱或被挤出来的牙膏。1973年8月，"阿基米德"号深海潜水器曾对正在升起的一座"维纳斯"火山进行了探查，对所采的海底岩石样品进行年龄测定，发现其年龄尚不到1万年，这证明它是大裂谷底部最年轻的岩石。这个事实告诉我们，新涌上来的岩浆曾在这个裂谷的正中央形成新的地壳。1974年，就在上述潜水器观察过的附近，科学家从583米深处的熔岩层中采取了岩心样品。有意思的是，在大洋玄武岩基底上的沉积物年代，竟随它距大西洋中脊轴线距离的增加而变老，每一钻探点洋底以下的沉积物年代，又随深度的增加而增加。因此，深海钻探资料明确支持这样的观点，南大西洋洋底自6500万年

以来，一直以平均每年4厘米的速度向两侧分离开来。

现在，虽然再也没有人认为大西洋中脊的形成是"莫名其妙"的了，但关于它的许多问题，特别是大西洋中脊的岩石如何能沿水平方向推移开去，构成新的洋底等一系列带根本性质的问题，仍有许多争论，人们都期待着更有说服力的答案。

海底温泉之谜

陆地温泉到处都有，人们已经不足为怪，然而海底温泉就很少有人了解了。近年来，由于深潜器的发展，海底温泉才逐渐被人们发现。海底温泉与陆地温泉比较，数量要少很多。到现在为止，已发现有温泉的海域还不到60处。根据典型调查计算，这些海底温泉每年喷入海洋的热水约150立方千米，如与世界所有河流倾入海洋的总水量相比，约占三百分之一。海底温泉的水量并不多，可每年带入海洋的矿物质却不少，例如，仅钙、钡、镉、锰等金属每年就达几万吨至几十万吨。另外，还有大量气体，如二氧化碳、氦气、氢气、甲烷气等。海底温泉多数分布在洋中脊，但也常常在有水下火山的海域出现。

发现海底温泉绝非易事，要想进行海底温泉研究更是难上加难，一批年轻的专家勇敢地闯入深海禁区，作出了惊人的贡献。进行深海考察必须拥有先进的仪器设备，掌握现代化的科学知识才能有所作为。苏联科学院火山学研究所的科研人员乘坐"火山学家"号科学考察船在鄂霍次克海内进行了数年考察，考察重点海域在千岛群岛一带。他们对海水成分进行了深入的化验分析研究。特别是研究了海底火山区，看看海底温泉对海水成分究竟会造成什么影响。

"火山学家"号科学考察船在靠近海湾时，发现了6处海底温泉，水温相差悬殊，最低的一处只有17℃，最高的一处水温达95℃，其余几处水温在45℃左右。由于存在着海底温泉，东海岸大片海域的水温升高1℃。对海水进行化验分析显示，海水成分中的矿物质含量增多，海水中钙盐、钠盐和钾盐的浓度均明显高于平均值，而且海水中还含有大量溶解的各种气体。距海底温泉较远处的海水变化甚少，说明影响极小，海水温度也没有差别。

海底温泉喷出来的水柱是一种奇观，它并不像大家想象的那样是和周围的海水混合在一起的，而是形成直达海面的巨型水柱。例如，"火山学家"号科学考察船在鄂霍次克海距巴拉穆什尔岛西面20千米处发现了一处海底大温泉，从500米深的海底升起来一个巨大水柱，用回声探测器就可测到这个大的"障碍物"。大水柱内的密度和周围海水明显不同，可是温度差别不大，只相差约半度左右，说明高温水柱在上升过程中温度散失很快，但水柱内的化学成分却可保持相对稳定，直至海面。拍摄的气体液热照片显示，在海水表层也能清楚地区分两种不同海水的分界线。期待海底温泉之谜逐渐被人们揭开。

幽灵岛的秘密

幽灵一词在字典上的解释着实令人毛骨悚然，即人死后的"鬼魂"。所谓"幽灵"岛，顾名思义就是时隐时现、神秘莫测的岛。

1831年7月10日，格雷姆驾驶着海船在地中海破浪前进，当船行驶在西西里岛以南时，他突然发现眼前的海面上海水翻腾，顿时波涛滚滚而来，伴随着弥漫的水汽，随后从海底传来闷雷似的轰隆声，航船随着整个海域摇摇晃晃。大约持续了20分钟之后，海龙王才息怒。但格雷姆凭着敏锐的感觉，似乎感到大难临头。果然一声巨响，一股巨大的烟柱腾空而

起，巨浪以排山倒海之势向格雷姆船猛扑而来。幸亏格雷姆早有准备，才免遭海浪的吞噬。放眼望去，整个海面上，鱼类等海洋生物横尸遍布，显然是被沸腾的海水烫死的。沸腾整整持续了一日。格雷姆拿起笔把这次海上奇遇记录下来，并因此而永载史册。

奇怪的是，当格雷姆船长在一周后再次拜访这个神秘海域时，一座高出海面几米的小岛却活灵活现地长出来了。大海生小岛的特大新闻轰动一时，人们给它定名为"格雷姆岛"。更令人惊奇的是，这个小岛在不到一个月的时间内长高60多米，量一量周径已达2000多米。4个月后，当一组地质学家专程前往考察之时，等待他们的却是一片汪洋。有趣的是，过了一个世纪之后，格雷姆岛再次复生。1950年，当几个国家的外交官们正在

争议格雷姆岛的主权归属之际，小岛又悄悄地消失了。

前几年，"谍岛"的幽灵曾震动了美国五角大楼。"谍岛"位于南太平洋，面积不到500平方米，是一个很小的珊瑚岛。正是这个不起眼的小岛，引出了一个离奇的故事。由于"谍岛"恰好处于洲际航线之旁，因而被美国中央情报局看中，偷偷在岛上安装了一台现代化的高灵敏海洋遥感监测器，据说与美国一颗空中军事间谍卫星相连，于是从"谍岛"获得的情报直通五角大楼，经过这条洲际航线的商船、水面舰只和潜水艇，都逃不过五角大楼的"千里眼"。

令五角大楼的战略家们惊慌失措的时刻来了。1990年夏季的一天，"谍岛"的监测系统突然间完全失灵，联系中断。情报官员们认为可能是苏联的间谍机构克格勃发现了这个秘密，有意破坏了这个通讯系统。五角大楼要员迅速召集紧急会议并立即派遣一支庞大的舰队，以演习为名赶到"谍岛"。当舰队到达出事地点时，眼前却是汪洋一片，令官兵们惊愕不已，原来这个小珊瑚岛早已无影无踪，神秘地消失了。是强劲的海

流、海浪、潮流冲垮的吗？不是。因为它不会像沙岛那样被海水冲垮，它是有着坚强基石的珊瑚岛，不是一般水流的力量所能迅速摧毁的。那么是强烈地震或海啸的恶作剧吗？也不是，因为从美国和澳大利亚气象卫星监测资料获悉，"谍岛"失踪期间南太平洋根本没有发生过地震或海啸。有人大胆猜测，说是外星人一向对地球文明十分感兴趣，可能是外星人派来的飞碟把这个小岛偷走了。而神经敏感的五角大楼的军事家们很自然地会想到当时的苏联间谍，认为是苏联在岛上偷偷埋下几千吨炸药将小岛炸毁的，但如此巨大的军事行动怎么没被美国军事间谍卫星发现呢？事有凑巧，1994年，澳大利亚科学家在南太平洋发现了一种酷似飞碟的怪物——星鱼，看上去似一圆盘，直径足有1米，周身长有16条爪子，靠自身转动移动，犹如一只转动的盘子，故有"水中飞碟"之称。令人大为震惊的是，星鱼的食谱竟是珊瑚礁，每昼夜足足要吞噬2平方米面积的珊瑚礁。但"谍岛"究竟是不是这种怪物所食，尚待进一步证实。

复活节岛石像之谜

复活节岛是南太平洋上的一个孤岛。1722年，荷兰海军司令雅可布·罗杰文指挥舰队在南太平洋上航行时，发现了这座小岛，并率部登陆，这天恰好是复活节，于是这位司令顺口将这座小岛命名为"复活节岛"。但是，当地人称之"拉帕努伊"岛，意即"石像的故乡"。

这座面积仅有117平方千米的小岛上，充满着神秘的色彩，几百尊巨大的石像，环立在岛的四周。整座整座的山都被改造过，坚硬的火山岩像黄油一样被切开，巨大的石像被移放在本来不可能在的地方。230多尊巨大石像，高达10~20米，重达50吨，今天仍然张大着眼睛凝视着来此的游客，像一个个等待人们去重新开动的机器人。

在众多的石像中，以盘踞在阿夫·阿基比海岸的7尊石像最为著名，它们一字排开面向大海。而环立在海边的许多石像全都面向着岛的内侧，其中与海岸线平行一直绵延二三百米的这一段地带的石像有底座，而其他地方的石像没有底座。令人不解的是，为何这7尊石像与环立在海边的石像朝着不同的方向？为何有的石像有底座、有的没有？它意味着什么政治上或宗教上的目的？

其次，这些石像全都是长脸、长耳、高鼻、浓眉，犹如同胞兄弟，虽然十分相像，表情却又千差万别。有的头上还顶着10多吨重的红色火山岩制成的石头帽子，与黑色火山岩制成的躯体交相辉映，显得更加肃穆、庄严。另外，还有一些石头帽子散落在石像附近，而这些帽子本该高高地戴在石像头上的。那么，是谁雕刻了这些石像？又为什么要雕刻这些石像呢？另外，从这些石像来看，说明当时已具有相当高的文明，为何后来又消失了呢？

围绕着复活节岛上的石像之谜，众说纷纭，莫衷一是。一种意见认为，约在12000年前的一次大地震，把南太平洋上拥有灿烂文化的古大陆，与她的几千居民一起葬入海底，当时古大陆的东南角幸免于难，成了一座孤岛，现在岛上的石雕像很可能是古大陆时代的遗物。

另一种意见如丰·丹尼肯在《众神之车》一书中所述，复活节岛远离任何大陆与文明，在这样一座小得可怜、连一棵树都没有的火山岛上，要把这样巨大的石像搁在滚木上移到安放地点是难以想象的；况且岛上最多只能提供2000居民的食物（今天生活在复活节岛上的土著居民只有几百人），靠航海贸易给岛上的石匠运来食物和生活用品，在古代是不可能的。由此，丹尼肯设想古代一小群外星人因为技术故障，被迫降落在复活节岛上。为了给岛上土著居民留下不可磨灭的印象，更主要的是给前来搭救他们的同胞以明确的信号，外星人就在火山熔岩上，用自身的相貌作模特儿雕刻了巨大的石像，并把这些庞然大物竖立在海岸边上，使远方的人能够看到。突然间，救援者翩然降落，外星人扔下手中未完成的雕像，

仓促登上飞船离去了。

第三种意见认为，复活节岛本来就是一座孤岛，据岛上的雕像与南美洲高地所发现的文物有相同之处，可以推测南美的印第安人最早在这里定居。后来，在2000千米外的马克萨斯群岛上的波利尼西亚人突然入侵该岛，推翻了印第安人并取而代之，成为岛上的统治者。

今天，人们去复活节岛参观，尚可以看到石雕现场的纷乱情景，到处是丢弃的工具以及尚未完工的巨大雕像。吉尔推测这是因为波利尼西亚部落的武士出其不意地包围了岩坑，印第安部落的工匠们发现已被包围，十分惊慌，于是丢下工具和尚未完工的巨大雕像，仓皇逃命，结果还是被手持长矛的武士屠杀殆尽。

但是，战争并未因此告终。1862年由秘鲁来的印第安武士们，从几条船上登陆，击败了波利尼西亚武士，最后又绑架了近千名居民，把他们押往鸟粪场做苦工，这些俘虏无一例外地被折磨致死，包括那些认得岛上通用字符的上层人士在内。这场大屠杀不仅中断了复活节岛的文化，而且使这个太平洋孤岛笼罩上一层神秘的色彩。

不幸的是，当第一批欧洲传教士踏上这块土地时，他们烧毁了许多刻有奇怪象形文字的木板，禁止当地古老的祭祀仪式，废除种种世代相传的风俗，使这个岛的神秘历史变得更加无法了解。今天在全世界各博物馆中仅剩下了不足10片残片，而且这几片仅存的木板上的铭文至今还没有译解出一个字。所以，关于建造石像的目的还始终是一个不解之谜。

太平洋洋盆之谜

太平洋是世界上最大的海洋，占全球面积的32%，是世界海洋总面积的46%。它的面积比世界所有陆地面积之和还要大得多。按照顺时针方向看，太平洋与南极洲、澳大利亚、印度尼西亚群岛、马来半岛、中国、西伯利亚、北美洲和南美洲接界，至于太平洋西南界的划分问题，科学家们还有不同的认识。

麦哲伦从东到西，横渡太平洋的航行，加快了人类对太平洋的探索速度。在这些探索之中，人们最为关心的问题之一，就是太平洋洋盆是怎样诞生的。

在19世纪之前，人们对海洋的认识极为肤浅，只是从宗教文化中提出过各种海洋起源的假说。直到半个多世纪前，进化论创始人达尔文的儿子——小达尔文，提出地球上最大的洼地——太平洋洋盆是月球甩离地球后留下的痕迹。"月抛说"理论，首次被这位英国天文学家提出来了。小达尔文通过自己的研究提出的理论是，除太平洋之外，其他大洋底部在玄武岩上覆盖了一层较轻的花岗岩，而太平洋底部则缺少这层花岗岩。这位天文学家提出这样的问题，太平洋的花岗岩岩层到哪里去了呢？于是，他提出了大胆的假说，月球原是地球的一部分，月球被抛出之后，便形成了太平洋洋盆。后来，苏联发射宇宙飞船到月球周围进行观测，查明月球上没有显著磁场，这给"月抛说"有力的支持。但是，当人类登上月球之后，才发现月球上的岩石并非都是花岗岩类。这样一来，太平洋洋盆起源于月球飞出的说法，也就不能成立了。

科学在发展，人们的认识也在由浅到深。计算表明，大陆的平均高度约800米，大洋平均深度约3800米，二者相差4600米。近代研究成果告诉我们，海陆的区分并不是地球表面偶然的起伏不平，而是由地壳组成的根本差异所决定的。陆壳质轻而浮起，洋壳质重而陷落。所以，要解开太平洋洋盆形成之谜，必然就要涉及洋壳的形成和演化问题。

洋壳形成与演化问题，仍然是科学家们研究的问题。一些学者认为，构成洋盆的洋壳早在地球形成初期就已经形成了，大陆则是后来形成并逐渐增生扩大的。现代各大洋盆地便是大陆增长以后原始大洋的残留部分。这是一个比较古老的学术思想。

后来的学者们并不赞同这种说法。最有代表性的学者是奥地利的修斯。他认为，中生代中期前曾经存在冈瓦纳超级大陆。这个学术思想被后来的大陆漂移说创始人魏格纳进一步理论化。他认为，全球所有大陆都曾相互连接，构成统一的联合古陆。这就是说，在大约2亿年前的中生代，大西洋和印度洋均不存在，随着大陆漂移，后来形成了新生大洋。在地质历史上，2亿年是相当年轻的时代。这种看法，当时并没有更多的证据，到了20世纪60年代之后，随着深海钻探工作的开展，特别是"格洛玛·挑战者"号获得了大量世界各大洋海底岩芯资料，进一步证明了大西洋和印度洋的洋壳确实不老于中生代。人们可以得出这样的推断，构成洋盆底部的地壳并非形成于地球生成的初期；目前人们所见的洋壳的年龄都不超过地球年龄的1/20。

20世纪60年代后，人们根据海底扩张和板块构造说，对洋盆的生成提出了新的认识。这种理论认为，大约在2亿年前，地球上只有一个大陆，那就是联合古陆；只有一个大洋，那就是古太平洋。大西洋和印度洋是联合古陆破裂解体后的产物。2亿年前的中生代，地球上的陆地与今天有很大不同，原先连在一起的美洲与欧洲还有非洲之间，出现了一道长长的大裂口，这就是新大洋的雏形。随后，由于地幔物质沿这道裂口不断涌出，冷凝成新的洋壳。古太平洋的海水，从裂缝中涌进新生的洋盆中，形成颇似今日非洲与阿拉伯半岛之间的红海景象。新的地幔物质被推出裂口，新洋壳不断形成扩展，老洋壳被推向两边，洋盆不断加宽。美洲陆块、欧洲陆块，还有非洲陆块互相分离，渐渐漂移到今天的位置。大西洋和印度洋也就在这种陆海变迁中从无到有，从小到大，变成了今天的模样。科学家所获得的深海钻探资料告诉我们，北大西洋洋盆只有17亿年，南大西洋和印度洋洋盆为13亿年，北冰洋的几个洋盆则可能更短些。

从古太平洋到今天各大洋的形成，似乎很难解释太平洋洋盆的起源问题。现代太平洋的前身，是围绕联合古陆的古太平洋；就是说，2亿多年前地球上统一大洋的面积要比今天的太平洋大得多。当大西洋和印度洋扩张增大，美洲和欧亚大陆等向太平洋方向漂移时，太平洋的面积是在减少。太平洋四周的海沟便是周围大陆掩覆太平洋边缘老洋底的地方，或者说，是老洋底消亡的场所。而在太平洋的中部洋底，那条太平洋中脊正是产生新洋壳的地方，它在不断生长和扩张。太平洋洋壳一边在生长扩张，一边又在消亡，就好像是一条传送带，不断地在更新着。今天，我们是否可以这样认识太平洋的洋壳：和大西洋和印度洋相比，太平洋是一个换过底的旧脸盆；太平洋是古老的，它是古太平洋遗留下来的，但是太平洋的洋底却是年轻的；古老的太平洋洋壳早已消失。那么，古太平洋的历史究竟可以追溯到什么时候？它是怎样诞生的？这对今天的人们来说，依然是个难解的谜。

大西洲消失之谜

古希腊著名哲学家柏拉图(前427~前347)幼年的时候,博学多识的祖父曾经给他讲了一个神奇的故事。柏拉图长大成人后,为了验证这个故事的可靠性,专程漂洋过海,前往文明古国埃及,访问了德高望重的僧侣,得到了肯定的答复。柏拉图非常兴奋,深信这是一段真实的历史,而不是虚构的情节。于是他大笔一挥,把祖父和高僧的陈述,如实地记录在他的《克里齐》和《乞麦牙》等著作中。

相传1.2万年以前,地球上有一座亚特兰蒂岛,岛上散布着10个国家,其中面积最大、人口最多、文明最先进、国力最强盛的国家的国王叫"大西",后人便以他的名字作为这块土地的代名词了。大西洲土地肥沃,气候温润,植物繁茂,矿产富饶。城墙镶满铜和锡,庙宇镀着金和银。道路宽阔,运河纵横,贸易兴旺发达,人民安居乐业。大西国兵精将勇,战无不胜,攻无不克,先后征服了埃及与北非地区,但在雅典城下遭到了顽强的希腊人的反击,从此,败归大西洲。后来,大西国在短短的一日一夜里,从地球上突然消失了。

柏拉图生动的描绘给青少年带来了巨大的乐趣,也给科学家留下了千古疑谜。大西洲原来在哪儿?现今在何地?是什么原因、什么力量驱动大西洲沉没的呢?公元6世纪时,科学界曾经对此展开持久的争论,但未达成统一的认识。16世纪时,意大利学者弗拉卡斯特罗,重新挑起论战,指出:美洲的印第安人会不会是大西国人的后裔呢?哥伦布发现的新大陆会不会是大西洲未被淹没的土地呢?此后300~400年,大批地理学家、地质学家、考古学家、神学家、冒险家和旅行家，积极投身寻找大西洲的实践，力争成为发现大西洲的英雄。

有的学者推断，大西洲原来位于高加索西部，现沉没于黑海海底，他们的理由是：第一，传说古希腊人曾经前往高加索寻觅金羊毛，传说里谈及的克尔斯大宫，和柏拉图描绘的大西国的海神波塞东的神宫非常相似。第二，希腊传说曾经提到"阿比洛—阿尔卡加人"，阿尔卡加是古希腊的一个州，阿比洛是古代居住在北高加索黑海岸边的希许亚人所崇拜的"土地女神"，很可能高加索便是大西洲。第三，传说的诺亚方舟从洪水中救活了阿柯农和别纳。阿柯农的父亲是英勇、善良的"盗火种者"普罗米修斯，可能他与宙斯(可能是大西国的国王)都是大西洲人。当时，大西洲比希腊文明进步得多，普罗米修斯把火种的秘密悄悄地告诉了希腊人，以致触怒了宙斯，而被长期囚禁高加索。第四，1896年，俄国人在黑海边发现了古碑和古墓志铭。1956年，苏联考古队在黑海中找到了沉入海底的城市，他们相信"这些海底的城市就是从前的大西洲"。

这一派的论点主要建筑在古老传说的基础上，缺乏足够的确凿物证，因而，理所当然地遭到多数同行的抨击。

那么，大西洲到底在哪儿呢？近几年，科学家大多把注意力转移到爱琴海的桑托林群岛，推测大西洲原来位于克里特岛以北的地方。公元前1470年，那里曾经发生过人类历史上最猛烈的、破坏性最大的火山喷发，释放的能量相当于氢弹爆炸力的130倍，喷出的火山灰达625立方千米，卷起了高约50米的狂浪，摧毁了远在130千米以外的克里特岛上的米诺斯文明中心，也沉陷了大西洲，仅留下了今天的地拉岛。1991年，美国科学考察船调查了地拉岛周围的海域，获得了诸多激动人心的新发现。科学家还在地拉岛进行艰苦的挖掘，指望一举揭示大西洲之谜的谜底。

是什么原因、什么力量驱动偌大的大西洲葬身海腹呢？这又是一大谜团，其争论之烈、分歧之大比前一个谜团有过之而无不及。一种意见叫火山地震说，认为大西洲在一场剧烈的海底火山喷发及其诱发的地震和海啸的联合袭击下，快速地"一日一夜间"消逝了。另一种意见叫冰川融化说，认为距今1.4万年以前，地球气温逐渐升高，冰川逐渐融化，导致持续2000～3000年的特大洪水泛滥，直至距今1.2万年时，大西洲终于被淹没了。众说纷纭，莫衷一是。时至今日，论战仍在继续，我们期待谜底揭开之日。

南海中的神秘岛之谜

1933年4月，法国考察船"拉纳桑"号来到南海进行水文测量，他们在海上不停地来回航行，进行水下测量的作业。突然，船员们见到在上一回驶过的航道上竟矗立起一座无名小岛，岛上林木葱茏，水中树影婆娑。可在半个月后，当他们再来这里测量时，却又不见了这个小岛的踪影。对于这个时有时无、出没无常的神秘小岛，大家都感到莫名其妙和不解，只好在航海日志上注明：这是一次"集体幻觉"。

3年后，即1936年5月的一个夜晚，一艘名叫"联盟"号的法国帆船航行在南海海域。这艘新的三桅帆船准备开往菲律宾装运椰干。

"正前方，有一个岛！"在吊架上眺望的水手突然一声呼叫，顿时惊动了船上的所有船员。

船长苏纳斯马上来到驾驶台，用望远镜进行观察。他清清楚楚地看到了一个小岛。他感到纳闷，航船的航向是正确的，这里离海岸还有460千米，过去经过这里时未见过这个小岛，难道它是从海底突然冒出来的吗？可是岛上密密的树影，又不像是刚冒出海面的火山岛。

这时，船员们都伏在右舷的栏杆上，注视着前方。朦胧的夜色映衬着小岛上摇曳的树枝，眼前出现的事，真如梦境一般。

此时，船上航海部门的人员赶紧查阅海图，进行计算，确定船的航向准确无误，罗盘、测速仪也工作正常。再查看《航海须知》，可那上面根本就没有这片海域有小岛的记载，而且，每年都有几百、上千条船经过这里，它们之中谁也没有发现过这个岛屿。

忽然，前面的岛屿不见了，可过

了一会儿，它却又在船的另一侧出现了！船长和他的船员们紧张地观察着出现在他们面前的如同黑色幕布般的阴影。

突然一声巨响，全船剧烈地摇晃起来。紧接着，船体肋骨发出了嘎吱嘎吱的声响，桅杆和缆绳相扭结着，发出阵阵的断裂声。一棵树哗啦一声倒在了船首，另一棵树倒在了前桅旁边，树叶飒飒作响，甲板上到处是泥土、断裂的树枝和树皮，树脂的气味与海风的气味混杂在一起，使人感到似乎大海上冒出了一片森林。船长本能地命令右转舵，但船头却突然一下子翘了起来，船也一动不动了。船员们一个个惊得目瞪口呆。显然，船是搁浅了。

天终于亮了，船员们终于看清，大海上确实有两个神秘的小岛，"联盟"号在其中的一个小岛上搁浅了，而另一个小岛约有150米长，它是一块笔直地直插海底的礁石。

好在船的损伤并不严重。船长吩咐放两条舢板下水，从尾部让船脱浅。船员们在舢板上努力划桨，一些人下到小岛使劲推船，奋战了两个多小时，"联盟"号终于脱险。

"联盟"号刚一抵达菲律宾，船长苏纳斯就向有关方面报告了他亲身经历的这次奇遇。当地水道测量局等有关单位的人员听后说，在这片海域从来也没有发现过岛屿。其他船上的水手们也以怀疑的态度听着"联盟"号船员的叙述。显然，大家都认为这是"联盟"号船员的集体幻觉。

船长苏纳斯不想与他们争辩。他决定在返回时再去寻找这两个小岛，记下它们的准确位置。开船后两天，理应见到那两个小岛了，他却什么也没有见到。他们在无边的大海上整整转了6个小时，还是一无所获，两个小岛已经消失得无影无踪。苏纳斯虽有解开这个谜的愿望，但他不能耽搁太久，也不能改变航向，只好十分遗憾地驶离了这片海区，只能期待谜底有朝一日能够被揭开。

珊瑚岛形成之谜

珊瑚岛是人类的宝贵财富，它不仅拥有丰富的热带生物资源，而且还蕴藏着大量的石油、天然气资源以及磷矿和铝土矿。然而，珊瑚岛是怎样形成的呢？

通常认为珊瑚岛是由珊瑚虫的骨骼堆积成的岛屿。在热带、亚热带浅海区的海底，生活着很多群体小型腔肠动物——珊瑚虫，每个珊瑚虫都能分泌出石灰质(钙质)的外骨骼，像小房子一样来保护自己柔弱的身体。这些外骨骼的颜色有白色、黄色、红色和蓝色的；形状有的像松树，有的

像怒放的秋菊，有的像密集的蜂巢，有的像丛生的灵芝，有的像牡丹或像其他小树，千姿百态。当珊瑚虫死亡后，它们的子孙们能一代代地在祖先的"遗骨"上继续繁殖下去，天长日久，日积月累，就形成了各种各样石灰质的珊瑚丛，发展壮大为珊瑚岛。珊瑚岛又因其形状而分为岸礁、堡礁、环礁。

然而，科学家发现，珊瑚虫最好的生活条件是深度在60米以内的热带浅海，但海洋的深度常常在几百米至几千米之间，珊瑚虫不可能直接在那么深的海底生活和造礁。那么，美丽的珊瑚岛，特别是那些形状奇特的环礁，又是如何形成的呢？

1936年，达尔文在东印度洋上的可可岛(环礁)考察时，提出了关于火山岛下沉造成环礁的假说。1952年，

美国在埃尼威托克环礁试爆氢弹后钻孔达1287米深时，终于发现了火山岩基底，使达尔文的假说得到了初步证实。但是这一假说还无法在所有的环礁上得到证实，特别是火山的沉降无法说明大多数环礁中的湖一般水深不超过100米的原因。

地质学家戴利由此提出了"冰川控制论"的解释。他认为第四纪以来数百万年中发生了多次冰期，使海平面反复升降，其幅度大概是100米左右。每当冰期过后，海水温度回升，海洋环境又适宜珊瑚虫的大量繁殖，它们就在一些岛屿和大陆边缘的台地上迅速生长起来。随着海平面逐渐上升，珊瑚礁也跟着向上发展，环礁和堡礁也从台地边缘上增长起来。当海水淹没了整个台地，珊瑚礁却露出了海面。

问题似乎解释得很完美，但是科学家们仍在深思，其原因是，他们发现太平洋中很多环礁呈线状排列，例如，夏威夷群岛中的库尔岛、中途岛等珊瑚礁呈西北—东南排列。而且西北端的一些岛屿是环礁，向东南依次出现一些似环礁、岸礁，东南端则出现一些活火山。

20世纪60年代以后，板块学说似乎为解释这种珊瑚礁的成因提供了依据。板块学说认为，在板块与板块之间的活动地带存在着一些"热点"，是火山活动的中心。火山岛在热点生成后，随板块一起移动并逐渐向下俯冲，引起火山岛的沉降。在沉降过程中环礁逐渐形成。于是离热点越近，火山岛和珊瑚发育都较年轻；离热点越远，火山岛已沉没，而礁体变得很厚。这一种解释把板块学说和珊瑚礁的成因联系起来。但是，板块学说本身还处在假说阶段，板块何以会"动"还是一个谜。因此很多探究珊瑚岛成因之谜的学者仍不满足这些解释，一些见解又纷纷提出。

因此，珊瑚岛的成因究竟是什么，这还是有待进一步研究与证实的一个谜。

桑尼科夫地之谜

在冰雪皑皑的北冰洋中，有两个神秘的海岛。这两个海岛，是1810年由俄国渔民桑尼科夫发现的，因此被称为"桑尼科夫地"。它们从19世纪初叶被发现以后，总是忽隐忽现，神秘莫测。100多年来，许多探险家前去探寻这两个海岛，有的甚至为此付出了宝贵的生命。

俄国政府为了证实这一发现，于1811年3月派遣极地探险家格登什德罗姆前往调查，并指定桑尼科夫做他的向导。他们乘雪橇来到了新西伯利亚群岛中的法捷耶夫岛，向北眺望，清清楚楚地看到大约20俄里远的地方有两片山峦起伏的陆地。但由于受途中的巨大冰洞所阻，他们未能登上这两个海岛。于是格登什德罗姆在地图上标出了这两个海岛的位置以后返回。

9年后，俄国政府又派出两支探险队去寻找这两个海岛。一支以阿恩查为队长的探险队曾两次试图冲过冰层，前往桑尼科夫地，但北冰洋翻滚的浮冰阻挡了他们的去路。他们也看到了法捷耶夫岛北方远处的这两片蓝青色的陆地，还看到了鹿的脚印伸向这两个海岛。

另一支以符兰格尔为队长的探险队，为了寻找桑尼科夫地，访问了极地居民丘库旗人。据丘库旗人说，在北面的大海中确实有一块很大的陆地，上面居住着他们不认识的民族。可是，这支探险队历尽艰辛，进行了长达5年之久的探索，却始终未能找到桑尼科夫地。

1893年，挪威著名探险家南森带领12名探险队员，于6月24日乘"弗拉姆"号极地考察船出发，去寻找神秘的桑尼科夫地。可是他们遇到了猛烈的暴风雪，船被冰冻住后又被挤上了冰面，他们只能随冰漂流。南森等人在北冰洋上漂流了3年，却没有任何发现，结果是失望而归。

1900年6月21日，以俄国著名地质学家托尔为队长的北极探险队一行，乘"曙光"号船出发探险。托尔发誓一定要找到这块前辈寻找了多年的"未知的陆地"，不能叫大自然嘲

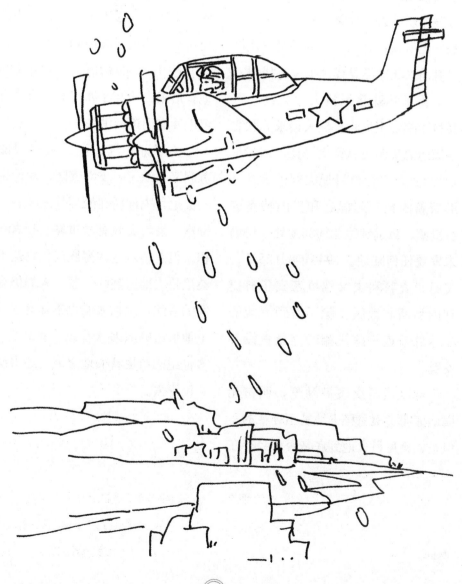

笑人类的无能。可是，第二年春天，托尔和天文家捷尔克等人不幸在考察中失踪，捐躯北极。他们是在哪里牺牲的，人们至今仍不清楚。

十月革命后，苏联开始有计划地考察北极。1937年，苏联"萨特阔"号破冰船前去寻找桑尼科夫地，结果是一无所获；第二年，苏联又三次派飞机前去北冰洋寻找，也没有找到。

为了解开桑尼科夫地之谜，苏联科学院院士奥勃鲁契夫请求苏联北方海运总局派飞机再次寻找。1942年7月14日，飞行员科托夫驾机出发，沿着新西伯利亚群岛和贝内特岛进行勘测，最远到达北纬80度处，但仍未发现任何陆地。1944年8月25日，飞行员查特科夫又驾机考察了科捷利内岛西北地区。除了看到漂流的浮冰外，连一些浅滩的迹象也没有发现。

这以后两次飞机勘测，明白无误地证明了桑尼科夫地是不存在的。但是，桑尼科夫地到底是否曾经存在过？如果有过这些土地，那以后又怎么消失了？如果从来就不曾存在过这些土地，那桑尼科夫等人所看到的陆地是在什么地方？人们仍然无法解开这些谜。

到了1947年，苏联极地水文学家斯杰潘诺夫又提出了一个新的假设。他认为，桑尼科夫地确实存在过，这是一些由冰和疏松的岩石组成的陆地，后来由于高于冰点的海水昼夜不停地冲刷而逐渐消失了。

为了证实斯杰潘诺夫的假说，苏联又组织了一支考察队，对传说中的桑尼科夫地所在的那片海区进行了勘察，发现海底有沙质黏土和岩石沉积。但是，对这些海底沉积物是不是桑尼科夫地遗迹的问题，人们仍有不同的看法，况且人们也不知道这诱导土地形成的原因。看来，争论了一个多世纪的桑尼科夫地之谜，还得继续争论下去。

魔鬼海之谜

神秘莫测的百慕大三角是令人生畏和难以捉摸的海区，有不少舰船和飞机在那里惨遭不幸或无缘无故地销声匿迹。直到今天，科学家也未能解开它的神秘之谜。

正当海洋学家们为寻找打开百慕大三角之谜的钥匙而绞尽脑汁之时，又一个"百慕大"出现在科学家们的面前——在日本千叶县野岛崎以东洋面上，出现了一个以沉没巨轮而闻名的"百慕大"，人称太平洋上的"魔鬼海"。

野岛崎位于日本房部总牛岛的最南端，1703年，一场大地震使海底隆起来而变成了牛岛，与横须贺隔海相望，其间便是船舶进出东京湾的门户——浦贺水道。

所谓"魔鬼海"，就是指北纬30°～36°、东经144°～160°之间的一片海域。

1969年1月5日，日本54000吨的矿砂船"博利瓦丸"在该海域被折成两截，31名船员中只有两人获救；1970年1月5日，利比里亚万吨级油轮"索菲亚"号断成两截沉没；接着，另一艘万吨级油轮"安东尼奥斯·狄马迪斯"号在2月6日沉没了，两艘船上共有16名船员失踪或死亡；2月9日，一艘6万吨级的矿砂船"加利福尼亚丸"号在"魔鬼海"沉没；1980年底，一艘由美国洛杉矶驶往中国的南斯拉夫货轮"多瑙河"号在"魔鬼海"遇到险情后突然失踪了；1981年1月2日下午5点47分，希腊货轮"安提帕洛斯"号在"魔鬼海"突然失踪。科学家们发现，在"魔鬼海"附近失踪的船舶有的竟连无线电呼救信号也来不及发出；有的虽发出了"SOS"信号，但是当救助飞机赶到时，巨轮早已无影无踪，在海面上仅留下漂浮物和浮油。

"魔鬼海"沉船的奥秘究竟在什么地方？据海洋气象学家观察，北太平洋冬季的风浪是很大的，但对于万吨特别是几万吨以上的巨轮来说，这些风浪实实在在无法将其掀翻或折断。不过，科学家们认为，"魔鬼海"附近的风浪与北太平洋其他海域的风浪不太一样。在"魔鬼海"，常常会看到能掀起20～30米高、金字塔形的"三角波"。

"三角波"就是巨轮沉没的罪魁祸首！可"三角波"又来自何处呢？海洋科学家们作出了很多猜测，但由于人类还未能获得"魔鬼海"的第一手资料，因此，也仅仅是猜测而已。

"三角波"成因猜测之一。野岛崎以东海底是火山和地震活跃的地带，当海底火山喷发或海底地震爆发时，将形成巨大的恶浪，这巨大的恶浪就是人们见到的"三角波"。

"三角波"成因猜测之二。"魔鬼海"处于从各方来的海浪的交汇处，在恶劣的天气条件下，来自不同

方向的波浪和涌浪在此处叠加成奇峰异波。

"三角波"成因猜测之三。"魔鬼海"是世界著名的暖流——黑潮所流经的海域，水温较高，而从西伯利亚吹来的冷空气的前锋也正好到达这一地带。每到冬季，这里的水温和气温相差常在20℃以上，因而海面上空经常产生上升气流，低气压的寒冷锋面过后，往往造成风向的突然改变，从而导致海面产生"三角波"。

三种猜想，似乎都有一定的道理。为了揭示"魔鬼海"之谜，保证北太平洋冬季航行的安全，日本已决定在"魔鬼海"上建立自动观测海洋浮标，记录大洋波浪、气压、风力、海流等数据。此外日本还决定派出海洋调查船，对"魔鬼海"海底地形、海洋气象、海洋环境作全面调查，以便从根本上解开"魔鬼海"兴风作浪、沉船覆舟之谜。

南非海岸神秘巨浪之谜

油轮"新克列尔"号划破平静的海面，航行在南非海岸。这时气象员报告说，再过几小时，油轮将进入风暴区。船长下令把甲板上的货物加固。这时突然有人惊叫一声，甲板上的船员回头一看，都吓呆了：海面上虽然风平浪静，可突然间一个高达十层楼房的浪头向油轮扑来。船员们过去曾听说过有关南非海岸的神秘巨浪的事情。可现在巨浪却真的出现了。船员们都奔上甲板，碰上什么就死死地抓住。说时迟，那时快，巨浪以惊人的速度冲到了眼前。油轮就像是漩涡中的一个软木塞，打起了转转。巨浪过后，海员中有一人失踪，多人受伤。

据说，新加坡货轮"通格·纳姆"号也曾经历过这样的事情。当时船体受到严重损伤，有31人丧生。

早在19世纪，海员中间就流传着有关"吃人巨浪"的可怕故事。他们说，有许多艘船在印度洋非洲沿岸突然失踪，船员们被海浪"吞食"了。在"新克列尔"号油轮1979年发生上述事故之前，海员们对有关这类传说往往是一笑置之，认为它们都是编出来的。新加坡货轮"通格·纳姆"号遇到类似的情况以后，就是最老练的航海家也认为在危险区内不得在离海岸50千米航行的规定是有道理的。

开普敦市大学有一位学者全面搜集了有关巨浪的资料。他指出：30米高的海浪就能形成大漩涡，即使是很大的海船也有陷入漩涡的可能。在世界海洋的其他区域也有巨浪发生，但要数南非海岸的巨浪最大，也最危险。

学者们相信，他们能在近期揭开巨浪之谜，得出它们形成的数学模型。到那时就可以事先向海员们预报巨浪的消息。然而，迄今为止即使是国际海啸预报站也无法事先知道神秘海浪的具体出现时间。

海底神秘古城之谜

随着潜水和打捞技术的发展，水下考古学也应运而生了。从此，在静静的海底世界里，人们又找到了不少早已在人世间消失得无影无踪的古城。一群水下摄影爱好者在墨西哥尤卡坦半岛的海底，发现了一座传说中的玛雅古城——土鲁玛。它是当地传说中的一座"攻不破的城堡"。一些学者曾经认为，它和"埃尔·多拉多"黄金国的传说一样，纯属无稽之谈。然而，在西班牙中世纪的一部编年史中曾提到过土鲁玛。据历史记

载，残酷的西班牙入侵者曾经占领并洗劫过这个坐落在墨西哥湾沿岸的富饶的城市。墨西哥专家们认为，土鲁玛古城是由于一次巨大的滑坡而沉入海底的。水下考古人员在海底发现了保存得很好的城墙、市中心的宫殿，以及一些住宅的遗迹。他们还发现，在一些神庙建筑物的墙上，还完整地留有彩色壁画和典型的玛雅装饰图案。

在秘鲁沿岸的水下2000米深处，人们发现了雕刻的石柱和巨大的建筑。1968年以来，人们不断地在比米尼岛一带发现巨大的石头建筑群静卧在大洋底下，像是街道、码头、倒塌的城墙、门洞……令人吃惊的是，它们的模样，与秘鲁的史前遗迹斯通亨吉石柱和蒂林特巨石墙十分相像。今天虽然已经无法考证这些东西始于何年，但是根据一些长在这些建筑上的红树根的化石，表明它们至少已经有1.2万年的历史。这些海底建筑结构严密，气势雄伟，石砌的街道宽阔平坦，路面由一些长方形或正多边形的石块排列成各种图案。

1967年，美国的"阿吕米诺"号潜水艇在佛罗里达、佐治亚、南卡罗林群岛沿岸执行任务时，曾发现一条海底马路。"阿吕米诺"号装上两个特殊的轮子之后，就能像汽车奔驰在平坦的马路上一样前进。

在我们中国，大家都知道有北京、南京、西京(即今西安)和"东京"(开封)。其实，中国还有一个地图上找不到的东京。这个东京在福建省东南隅的东山岛外。据传说，南宋末年，为逃避元兵的侵害，宰相陆秀夫曾抱着小皇帝赵昺来到这里。随着南宋遗民的流入，东京日渐繁华。可是，正当盛极之时，东京却突然失踪了。据东山县县志《铜山志》(东山旧名铜山)记载："苏峰山(东山岛东面一座海拔400多米高的临海大山)对面文华山，俗传宋帝昺南临，将都南澳(今广东省南澳县)，筑此为东京。地遂缺陷为海。自山腹下向海，莫穷其际。今城堞犹存，海中尚有木头竹聚，潮退海静，海滨人驾舟往取之。"据记载，在南宋末年的确曾发生过一次大地震。由此看来，东京城早已沉睡在大海底下了。

所有这一切均表明，曾经有过一个古代大陆以及文明社会被埋葬在大洋底下。然而这就产生了一个疑问：

1.2万年前，难道人类文明就如此发达了吗？

沧海变桑田，同样，在地球的激烈变动之中，桑田也会变为沧海，人类文明的一部分，被深深掩埋在海水和泥土之中，随着探查工作的进展，我们对古代文明将会有更多的了解。

海洋学家和地质学家也跟考古学家们一样，对海底古城有着浓厚的兴趣。他们潜入海底，寻找失踪的古城，对他们最有吸引力的当然还是这些城市沉没的原因。科学家们认为，地壳不是静止不动的。有的地方在上升，有的地方在下沉。

寻找海底古城，探索它们沉没的原因，已成了当代的一个科研课题。而海底古城的发现必将为历史学和考古学的进一步发展提供极为宝贵的实物资料。

海底洞穴壁画之谜

不久前，法国业余洞穴探险者在地中海一个景色优美的小海湾苏尔密乌发现了一处海底洞穴壁画，石壁上有6匹野马、2头野牛、1只鹿、2只鸟、1只山羊和1只猫，形象栩栩如生，可谓艺术珍品。这一海底洞穴古迹的发现，说来颇富传奇色彩。

1985年，业余洞穴探险者亨利·科斯克为探索沉睡在苏尔密乌海湾的古代沉船的遗物，专门购买了一艘长14米的拖网渔船"克鲁马农"号，开始了他的水下探险活动。一天，他在水深36米处的岸壁上发现了一个隧道口。正当他试图潜入时，随身携带的照明灯熄灭了，加上海水浑浊，看不清周围的景物，不得不暂时中断探索。1990年，科斯克又找到了隧道口，进到了隧道尽头的洞穴，借助手电的光束，他看到了洞穴的石壁上有手的印记。他决心探个究竟，特

邀了卡西斯潜水俱乐部的6个伙伴组成了以科斯克为队长的水下探险队。

7月29日，7名水下探险队员乘坐"克鲁马农"号船，在海底隧道口前面的海上抛锚停泊。他们穿戴好潜水装具，下潜到36米深的海底，找到了那个隧道口。虽然水下隧道狭窄蜿蜒，海水昏暗难辨方向，还有海流夹带泥沙的阵阵冲击，但他们坚强地克服了这些困难。潜游约20分钟，他们终于顺利地通过了长200米的水下隧道。当他们浮出海面时，一个令人目瞪口呆的奇观便呈现在眼前。在这高出海平面4米，直径约50米的洞穴里，千姿百态的钟乳石首先映入眼帘；在灯光的照耀下，石壁上的3只手印清晰可见，还有那栩栩如生的动物壁画，简直把人们带进了一个神秘的殿堂。他们赶紧拍照、录像。他们不仅为这些艺术品发出同声的赞叹，

而且不约而同地产生疑问，这些海底洞穴壁画究竟是史前艺术家的作品呢，还是后人有意制造的恶作剧？为此，他们决定在真假未定的情况下暂时对外保守秘密。

一年后，1991年9月1日，发生了3名业余水下探险者在苏尔密乌海湾失踪的事件。科斯克参加了寻找失踪者的行动。他迅速潜入这个神秘的洞穴，在古壁下的隧道里找到了3位失踪者的尸体。原来这3名业余潜水者由于缺乏潜水经验，没有携带水下电筒等必需的潜水设备，在黑暗的海水里误入隧道而迷失方向，最后因氧气耗尽窒息致死。科斯克面对着这个海底隧道已被世人知晓的事实，决定将海底洞穴壁画的秘密公之于世。9月3日，他便向马赛海洋考古研究所报告了这一发现，并要求采取措施保护这些壁画。9月15日，科斯克和史前考古学家让·古尔坦带领的水下探险队潜入海底洞穴，采用现代分析仪器对洞穴内的氧气、水、木炭、岸石等进行了调查研究，初步认为洞内的壁画可能是史前艺术家在动物脂肪里混入有色矿石粉末制成油彩，然后将手贴于石壁上，用空心兽骨将油彩吹喷到石壁上，制成了这一杰作。

人们疑惑不解，1万多年前，古代艺术家是怎样潜入这个海底洞穴的？洞穴壁画为何奇迹般地完好如初？有的考古学家解释说，那时正处于冰河时代末期，地中海海平面比今天要低100米以上，苏尔密乌海湾水下隧道无疑是处于海平面之上，人们可以很容易地从悬崖下的隧道口进入洞穴。后来冰河时代结束，海水上涨，海水将隧道淹没，洞穴被密封起来，洞穴内的壁画得以保护，避免了风化和破坏，直到今天。

但是，也有一些人认为，壁画完好如初，可能不是1万多年前的作品；而且在1万多年前这一地区是否有史前人类居住也值得怀疑，因为从来没有发现过有关史前人类的遗迹，因而这些壁画很可能是后人的伪作。

海底石锚之谜

1975年，在美国加利福尼亚南部的帕洛斯弗迪斯半岛附近海域里，发现了二三十个带孔的石锚，它们沉睡在37米至7.6米深的海底，分布面积达一英亩以上。十多年来，对这些石锚的来历和制造年代等问题，学术界众说纷纭，莫衷一是，最终成了一个难解之谜。

开始的时候，一种较为普遍的说法是，这些石锚不是产自加利福尼亚，它们有可能是到达美洲的亚洲船只遗留下来的。但是到了1980年，加利福尼亚大学地质系考证认为，这些石锚并不是从大洋彼岸和亚洲带过来的，而是用加利福尼亚州蒙特里地方的页岩制造的，这种页岩是加利福尼亚南部最常见的海岸岩层之一。

也是在1980年，在北京召开的水上运输研究学术会议上，美国圣地亚哥大学的两位海洋考古学家詹姆斯·R·莫利阿列迪教授和拉兰·J·皮尔逊教授，向与会者介绍了他们对上述石锚的研究成果。他们认为，这些石锚是在中国制造的，它们随中国航船到达美洲可能已有500～2500年的历史，或许还要更早一些，后来因船只失事而散落在海中。他们认为，早在哥伦布发现美洲大陆之前，中国人就曾航海来到加利福尼亚，这些石锚说明中国人先发现美洲大陆的结论是正确的。两位教授说，有许多迹象表明，南加利福尼亚附近海底有一条中国古沉船的遗迹，两只巨大的石锚埋在海底21米深处的淤泥中，这条中国古船长约24米，能乘75～150人。和两个大石锚一起发现的遗物中，有一块重达130千克的石块，他们认为可能是中国人碾谷用的碾子。在这些石头遗迹附近没有发现金属和陶瓷制品，这正好说明这艘沉船相当古老，它到达美洲的时间也是相当久远的。

可是，与此同时，美国加利福尼亚大学航海史教授弗·弗罗斯特又提出了一个不同的论断。弗罗斯特认为，这些石锚是在不到100年前居住在加利福尼亚沿海的中国渔民遗失的。他的论据是：19世纪中叶，大批中国"华工"被迫漂洋过海来到美国西部沿海的加利福尼亚州，他们起初主要从事开矿和筑路，后来有一部分人留在沿海一带以捕鱼为业，因为这些中国"华工"绝大多数来自珠江三角洲，他们有着丰富的捕鱼经验，而加利福尼亚的捕鱼业就是由这些华人创始的。穿孔石锚就其形状来看，富有中国石锚的特点，它们与当时中国东南沿海一带渔民使用的石锚相似。因此，可以认为，帕洛斯弗迪斯半岛附近海域当时是华人的一个捕鱼区，那些穿孔石锚是华人渔船上的，由于锚链断脱，被遗失在海底。这些石锚证明了中国移民为发展美国西部沿海的捕鱼业所作出的开创性的贡献。

围绕这些海底石锚的争论还在继续，人们期望能早日解开这一谜团。

海底铜像之谜

1972年8月26日，意大利化学家马里奥蒂尼在海滨游泳时，无意中发现一堆海底沉物。他立即通知勒佐卡拉布里亚市文物局。6天后，潜水员从海底打捞上来两尊铜像。

起初，这两尊铜像并未引起人们注意，以为不过是一般的古物。然而，经有关专家鉴定后，人们才大吃一惊。原来，这是公元前506年的作品，具有极高的价值，是两件稀世珍宝。因此，这次发现也就被誉为500年来最伟大的考古发现。

这两尊铜像一尊高2.10米，重250千克；另一尊高1.98米，略重于前者。铜像的嘴唇、乳头、眉毛和睫毛用紫铜镶贴，牙齿用白银镶嵌，眼珠用琥珀和象牙制成。整个人体造型细腻，线条正确，表现真实，充分体现了当时艺术家的精深造诣。1975年1月，两尊铜像被运往佛罗伦萨文物考古修复中心，经过精心的修复和防腐处理后，在博物馆内公开展出，吸引世界各地许多人前来欣赏。

赞叹之余，人们不约而同地提出了这样的问题：这两件稀世珍宝来自何方？因何沉入海底？它们的作者是谁？表现的又是什么人？这些问题引起了历史学家和考古学家的种种猜测和争论。有人认为，曾经有一艘帆船运载铜像至丽亚切附近海面时，因火灾或风暴而沉没；也有人认为，铜像绑在桅杆上，因大风刮断桅杆而跌落海中；也有人认为在海上灾难中，为了减轻载重量而把铜像抛弃海中。

关于铜像的来历也有多种说法。有人根据古希腊作品和铜像脚底连接的铅块有扭断痕迹的特点，认为它们出于古希腊某处，由于罗马人征服古希腊而掠夺至意大利半岛。也有人认为，公元前711年起，意大利半岛南部是希腊的殖民地，拥有十分发达的希腊文化，因此，铜像很可能是当地制造供庙宇或皇帝作装饰用的。

作者是谁的问题，谈论较多的是公元前5世纪古希腊著名雕塑家菲狄亚斯，因为麻花形卷发和左脚向前的姿态很像他的作品。另一位是公元前15世纪的雕塑家毕达哥拉，他把人体解剖学知识用于艺术塑造，特点是风格细腻，而且其人正好生活在铜像发现的地区。还有些人认为，两尊铜像的制作时间相差二三代人，并非出自一人之手。

铜像表现什么人，更加众说纷纭了。有人认为属于奥林匹斯山12神的范畴。有人认为是阿波罗神庙中的人的形象。不过，多数学者推测那是特洛伊战争中希腊联军的统帅阿加门农或名将内斯特之类的人物。

为了弄清这些历史之谜，意大利的历史和考古学家正在丽亚切海域作周密的调查研究，看看这些海域还有哪些艺术瑰宝，附近陆地是否可进一步提供历史资料和佐证。人们在期待着揭示铜像之谜。

海底金字塔之谜

据百慕大三角区海域有关的船只失踪事件的资料表明：一共约有60多艘船只、40多架飞机和1000多人莫名其妙地在这个海域失踪了，这究竟是什么原因呢？

有两种解释。一种是科学分析的解释，例如有人认为那一海域为洋流汇集之地，也是大西洋北美盆地的最深之处，因而，深海中可能有强烈的潜流和大漩涡，又由于冷暖海流的汇集，海面上容易产生一些暂时的浓雾，所以当船只、飞机进入这一海域之中或上空时，莫名其妙的失踪事件就发生了。这个解释听起来有道理，但是还不具很大的说服力，因为在地球上，有不少类似的海洋地质和气候条件的海域，可为什么唯独在百慕大三角区海域内，船舶飞机失踪事件发生得那么多？

另一种解释是猜测假设性的。有人认为，百慕大三角区海域深处有一股极强的磁力，可以使船只飞机的罗盘失灵。那么，为什么那里会有这么大的磁力呢？有人补充说，考虑到百慕大三角区海域的南部就是失踪的玛雅文明的所在地，所以百慕大三角区海底下面一定掩埋着玛雅文明的某些神秘之物，说不定，玛雅文明时代的原子核废料的堆集场就在百慕大三角区的海水下面。

这种说法听起来很玄，似乎不太可能。可是，一则出乎意料的新闻使人们大为吃惊。1977年4月7日，法新社发自墨西哥的一则电讯说，科学家们在百慕大三角区的海底，发现了一座比埃及胡夫金字塔还要大的金字塔。这真是一件奇事珍闻。

人们知道，埃及是以金字塔而著称于世的，而事实上，除了埃及之外，在今天的墨西哥、洪都拉斯、秘鲁等地，即古代玛雅人活动的地区，都先后发现有金字塔式的宏伟建筑。玛雅的金字塔和埃及的金字塔略有不同，埃及的金字塔是尖顶的，而玛雅的金字塔的顶端却是平的，相对而言，玛雅的金字塔大多比埃及的金字塔要小。

据称，百慕大三角区海底有一座巨大的金字塔是由美国海军的一位叫亨利的上校发现的。尽管许多人包括他本身都不太相信，但是，声呐探测装置上清楚地显示出，这座金

字塔位于360米的海面之下，高度约为230米，每边长300米。在金字塔的四周是平坦的海底，没有火山喷发过的痕迹，也没有海底山脉从中横过。于是，有关方面便成立一支探险队，到该地区进一步探测，并使用深水潜艇、水下闭路电视摄像机等先进设备，以期能够揭示海底金字塔的真相。

如果百慕大三角区之谜被解开的话，如果证明海底金字塔确实是人工之杰作的话，那么，科学史将要作修改，甚至人类的历史也要改写。就目前来说，没有人相信，这座金字塔是在海水下面建造起来的。因为以现代科技能力来说，要在360米以下的海底建造如此之大的金字塔，乃是不可能的，况且它又何必修建在海底呢？人们宁愿相信这座金字塔原先是建造在地面上的。而如今金字塔却在海底，想必一定是因为陆地下沉的缘故。科学家们相信其中之理，但不敢贸然接受这样一个结论，因为仅在短短的数千年中，这块陆地怎会"沉入"得那么深？是因为这块陆地的下面是一块巨大的海底盆地？也就是说，这块原来被用来修建大金字塔的陆地不但沉入海中，而且沉得比原来的海底还要深一些。这又是什么原因造成的呢？

关键的问题是，为什么这个位于海水下面360米的金字塔，会对海上的船只、天上的飞机产生影响，而且是每一次失踪事件发生后都没有留下痕迹？这真是怪事！

海洋飞碟的奥秘

1967年秋，美国的"阿尔文"号潜艇在大西洋百慕大执行海底考察任务。当潜艇潜至80米深度时，一股暗流袭来，艇身剧烈晃动，尔后就像陀螺一样在水底打起转来。这种突如其来的反常水文现象，使"阿尔文"号艇长杰克逊惊出一身冷汗：难道"阿尔文"号要在百慕大海底失踪遇难？随后，他又冷静地从监控室内的监视器上发现，"阿尔文"号莫名其妙地闯入一团与海水完全不同的异常液体中。杰克逊艇长立即下令潜艇紧急上浮。当"阿尔文"号浮至水面时，发现底下有一个直径达500米，厚度约60米的异常液体圆盘在快速打转，并慢慢向艇尾方向滑去。难道"阿尔文"号遇上了海中"飞碟"？

无独有偶，苏联的一艘核潜艇也遇到过这种海中"飞碟"。

1972年，北约组织在南太平洋举行海上军事联合演习，苏联为了刺探军情，派出了一艘代号叫"WTQ"的核潜艇跟踪北约联合舰队。当这艘核潜艇进入南太平洋后，便在离海面90米恒定深度上潜行，这时，核潜艇受到一股神秘力量的控制，绕着直径约3000米的圈子打转。艇长米里奇·布维·洛斯基命令潜艇加大马力闯出圈子，结果枉费心机，核潜艇总是摆脱不了这股神秘力量的控制，连续绕了5个圈子后，洛斯基命令潜艇下潜50米，但潜艇在140米深的水中仍旧打转。无奈，洛斯基只得命令潜艇上浮。当潜艇在离水面只有20米时，这种打转的现象才消失。据洛斯基事后说，他当时确实怀疑潜艇遇到了"飞碟"。

从此以后，海中"飞碟"就像空中的不明飞行物UFO一样，广受科学家的关注。最近，世界海中飞碟研究会作了一次统计，大海深处的不明飞行物"迄今已发现了340多个"。

所谓的海中"飞碟"，可不像传闻中的空中飞碟是用金属制成的，而是一种特殊的水团。这种水团从温度、含盐量、密度到所含的化学物质，都与周围的海水不同，因此表现为一个边缘分明的"独联体"。这一股与众不同的"独联体"水团随着海流和漩涡，一边前进，一边高速旋转，形成旋转着的大盘子。它周游海洋世界，往往长达数年而不解体。

那么，海中"飞碟"是怎样产生的呢？

科学家经过考察，已经解开此谜。海中"飞碟"大多诞生于大江、大湖和大河的入海口处。当密度和性质迥然不同的淡水与海水相遇时，可能出现互不相溶的场面，彼此就如"井水不犯河水"一样互不侵蚀，在海洋深处以各自不同的速度打着转。

海中"飞碟"的规模要比空中飞碟大得多，在大西洋中发现的一个"飞碟"，直径达80千米，它在海洋中飞速旋转时，竟"吞进"了大量的鱼虾，使这些鱼虾长时间昏迷不醒，直至死亡。

因此，有些科学家认为，在大西洋百慕大神秘失踪的船只和潜艇，有一部分可能是由海中"飞碟"造成的。此外，不断移动着的海中"飞碟"，还可能对气候产生深远的影响，它也许与厄尔尼诺现象有关。如果海中"飞碟"的旋转力能被我们利用，比如用做发电，那将是人类利用海中能源的一种新途径。但事实真相是怎样的，却不得而知。

地中海的奥秘

地中海是世界上最大的陆间海，面积250万平方千米，平均水深1500米。意大利的西西里岛与非洲突尼斯之间的墨西拿海峡，把地中海分成东地中海与西地中海两部分。东地中海与西地中海有着完全不同的特点：东地中海海岸线曲折，多岛屿与半岛；西地中海海岸线平直，岛屿也少些。地中海东西两部分的海下地形也不相同。西地中海除了撒丁与科西嘉为突出海上的两座大型岛屿以外，是一个比较整齐的海盆；东地中海海下地形十分复杂，有海沟、海底山脉和海下火山。最大深度在东地中海，水深接近4800米。

1973年，"格洛玛·挑战者"号开进地中海，在海下进行一系列海底钻探。通过海下钻探得知，在地中海下的确埋藏着上百米厚的盐层，盐层中有石膏、氯化钠、氯化镁等。这

些盐层的发现，说明了在遥远的地质时代，地中海确实干涸过，这些盐层正是当年地中海干涸时的产物。在地壳运动的作用下，有的地方的地下盐层向上层沉积物中移动，在上层的海洋沉积物中形成一个个有趣的"盐丘"。

地中海下巨厚盐层的惊人发现，引起了科学家们的普遍注意。为什么那么庞大的水体会干涸见底呢？人们第一个想到的是，在过去的年代里，确实出现过直布罗陀海峡关闭的情况。那么，直布罗陀海峡是什么时间关闭的呢？是什么原因引起直布罗陀海峡关闭，又是什么时间，什么原因使它重新打开的？直布罗陀海峡开启的背后还隐藏着多少科学奥秘呢？如此等等，都需要人们给予正确的回答。

现在比较流行的说法是，在遥远

的地质历史长河中，地中海曾经是一个辽阔的大洋，人称古地中海，也叫特提斯海。那时，世界大陆的分布格局与今天完全不同。由非洲、印度与澳大利亚、南极洲等陆块联合起来，形成一个完整的冈瓦纳古陆，位于这个大洋的南方，在北方则是古老的欧亚古陆。

大约在距今25亿年前，冈瓦纳古陆开始分裂，并向北移动。到了22亿年前，冈瓦纳古陆与欧亚古陆相撞，古地中海变小，逐渐被大陆封闭起来，但仍然有海水通道与大洋相连，维系着地中海的生命。到了距今800万年以前，地中海已经与大洋失去了联系，到了距今700万年前，地中海的海水被全部蒸发光。今天我们发现的沉积在地中海海底的盐层就是在这个时期产生的。

到了距今550万年前，地壳又发生了一次大的变动，直布罗陀海峡裂开，大西洋海水从海峡重新进入地中海。有人估计，当时大西洋水灌进地中海的情景一定十分可观。

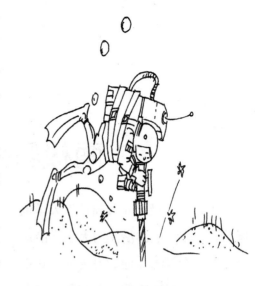

地中海未来的命运该是什么样的呢？根据海底扩张说，地中海在全球海洋发展史中，属于"残留海"一类，它是遥远古代特提斯海的残留物。在非洲板块向北漂动的同时，特提斯海面积不断缩小，原来同属于特提斯海的一部分，又与地中海相连的里海、咸海与大海完全脱离，变成内陆的湖泊。黑海也变成地中海的一个特殊的海区，靠着一条细细的土耳其海峡与地中海相连。而地中海也依赖直布罗陀海峡维持着生命，终有一天会在地球上完全消失。

南极魔海之谜

遥远的南极大陆四周被南大洋包围着，其中大西洋沿岸与太平洋沿岸分别有一个深入陆地的海湾——威德尔海与罗斯海。威德尔海与罗斯海在南极早期探险史中都曾扮演过重要角色，又因为在其中起到的作用不同而获得了不同的称号。

最早登上南极并对南极点发起冲击的两个探险队，即英国的斯科特探险队与挪威的阿蒙森探险队都是以罗斯海边的小岛为营地，先在罗斯海的冰架上南行，最后到达南极点的。因为，罗斯冰架平坦易行，为探险队最后登上南极高原，到达胜利的终点创造了条件。所以，罗斯海可以被称为南极探险的"功臣"。

而威德尔海与罗斯海相比就不同了。威德尔海常常被人称作"魔海"，它给早期的捕鲸船、捕海豹船以及南极探险队员带来的只有无止无休的灾难，威德尔海面临大西洋，属南大西洋的一部分。它位于南极半岛同科茨地之间，最南端深入南极大陆达南纬83°，北部大约在南纬70°至77°之间，宽度在550千米以上。1823年英国探险家威德尔第一次到达这里，因而得名。

威德尔海的魔力首先在于它流冰的巨大威力。南极的夏天，在威德尔海北部，经常有大片大片的流冰群，这些流冰群像一座白色的城墙，首尾相接，连成一片，有时中间还漂浮着几座冰山。有的冰山高一两百米，方圆二三百平方千米，就像一个大冰原。这些流冰和冰山相互撞击、挤压，发出一阵阵惊天动地的隆隆响声，使人胆战心惊。船只在流冰群的缝隙中航行，异常危险，说不定什么时候就会被流冰挤撞损坏或者驶入"死胡同"，使航船永远留在这南极的冰海之中。

在威德尔的冰海中航行，风向对船只的安全至关重要。在刮南风时，流冰群向北散开，这时在流冰群之中就会出现一道道缝隙，船只就可以在缝隙中航行；如果一刮北风，流冰就会挤到一起，把船只包围，这时船只即使不被流冰撞沉，也无法离开这茫茫的冰海，至少要在威德尔海的大冰原中呆上一年，直至第二年夏季到来时，才有可能冲出威德尔海而脱险。但是这种可能性是极小的，由于食物和燃料有限，特别是威德尔海冬季暴风雪的肆虐，使绝大部分陷入困境的船只难以离开威德尔这个魔海，永远"长眠"在南极的冰海之中。

在威德尔及南极其他海域，一直流传着"南风行船乐悠悠，一变北风逃外洋"的说法。直到今天，

各国探险家们还信守着这一信条，足见威德尔海的神威魔力。

变化莫测的海市蜃楼，是威德尔海的又一魔力。船只在威德尔海中航行，就好像在梦幻的世界里飘游，它那瞬息万变的自然奇观，既让人感到神秘莫测，又令人心惊胆战。有时船只正在流冰缝隙中航行，突然流冰群周围出现陡峭的冰壁挡住了航船的去路。就在这山穷水尽的时候，霎时间这面冰壁又消失得无影无踪，船只转危为安。有时，船只明明在水中航行，突然间却好像开到了冰山顶上，把船员们吓个半死。当晚霞映红海面的时候，眼前会突然出现金色的冰山，倒映在海面上，似乎就要向船只砸来，给人一场虚惊。

为什么威德尔海的海况会这样糟，它让几乎所有的南极探险人员望而生畏，以至于得到一个"魔海"的称号呢？相反，与威德尔海相对的罗斯海虽然同在南极地区，所处纬度也大体相当，其海况却比威德尔海好得多。这又是为什么？面对这片魔一样的海区，我们的的确确需要认真研究一番，把它真正的谜底揭示出来。

红海能变成大洋吗

打开世界地图，会发现，在亚洲阿拉伯半岛与非洲东北部海岸之间，有一个狭长的内海，那就是举世闻名的红海。红海的战略位置十分重要，它是沟通欧亚两大洲，连接印度洋与地中海的天然水道，每年都有成千上万艘船只从这里通过。

红海引人注意的地方在于它的奇特的形状。它海面轮廓狭长，两端收束，轴线呈西北—东南走向，东南一端为曼德海峡，过了曼德海峡进入印度洋；西北部的亚喀巴湾与苏伊士湾像是一条昆虫的两只触角，细细地伸进阿拉伯半岛与非洲大陆之间。

红海这种奇怪的形状是什么原因造成的呢？

板块学说诞生以后，对红海的形成有了一个全新的解释。科学家们认为，大约在4000万年以前，地球上并没有红海。那时红海还没有形成，非洲与阿拉伯半岛还是连在一起的。后来，就在今天红海的位置上，地壳发生了断裂，阿拉伯半岛的陆块不断向北移动，红海谷地不断展宽，印度洋的海水通过曼德海峡灌了进来，最后形成了今天的红海。

据科学家研究，阿拉伯板块的北移并不是单纯的平移，而是带有一种转动的性质。有人曾经利用古地磁的方法进行测量，发现阿拉伯半岛在上第三纪以来，曾经发生过逆时针方向的运动，并且向北转了7度。

证明红海扩张还有一个重要的事实。人们在红海上航行时意外地发现，在红海海区内有两处海水水温特别高。取样化验又发现不但水温高，而且海水的含盐量也大大地超过正常红海海水的含盐量。人们把红海上的这一奇怪现象叫作红海的"热洞"。后来经过海底取样才知道，在这两个热洞下方的红海海底，有两个不断喷涌的热泉。热泉不但带来了热量，也带来了大量矿物质。人们判断，形成热泉的原因，一定与红海地壳下面活跃的岩浆活动有关，岩浆活动正是地壳不断扩张的结果。

此外，吉布提还有众多的火山温泉，说明地壳活动十分活跃。以上的迹象表明，这块与阿拉伯半岛并不重合的地方，原本就是红海的一部分，只不过是在最新地质时期因为地壳运动刚刚露出海面罢了。其实，吉布提地区地势仍然很低，境内的阿萨勒湖，低于海平面155米，是整个非洲大陆的最低点。

按照板块学说的观点，如今的大洋都是昨天的陆地分裂并不断向两侧移动造成的。他们用发展的眼光，把世界海洋的发育历史分成若干阶段，比方说，大西洋正处在发育旺盛阶段，叫壮年海；太平洋处在发育后期，叫老年海；地中海却在不断萎缩，所以叫残留海；而红海则处于发育初期阶段，称为"幼年海"。上面提到的东非大裂谷，海洋还没有形成，只产生了不少湖泊，所以只能叫"胚胎海"。据研究，目前红海的扩张还在继续，大约每年向两侧扩张2厘米。

现在，按照板块学说，只要红海的扩张过程不停止，随着时间的推移，终有一天，红海一定会变成一个名副其实的大洋。这是一种说法。另一种说法是，即使红海今天的扩张运动一直在进行，但却无法保证海底扩张以后会一直持续下去。据今天掌握的材料，在以往漫长的地壳发展史中，有的板块不停地移动，最后形成了大洋；有的板块则在移动过程中受到其他板块的阻挡，中途停止了移动，大洋并未形成。

总而言之，红海的未来，还要用时间加以证明。

黑潮之谜

黑潮起源于菲律宾以东的西太平洋赤道附近，向东北进入我国的台湾东侧，再向北到琉球群岛西侧，北上过吐喀喇海峡，沿着日本列岛转向东北，大约在北纬35度、东经141度一带又转而向东，最后在东经165度附近散开，称北太平洋海流。黑潮南北跨越16个纬度，行程4000多千米，加上黑潮续流，全长可能接近6000千米。

黑潮是世界上仅次于墨西哥湾流的第二大强海流，流速约每小时3千米到10千米，年流量为1576800立方千米，世界上任何一条河流都无法与之相比。

黑潮海水并不黑，甚至比一般海水更为透明清澈。正因为海水清澈，对蓝色光波有较多的散射作用，因而海水呈蓝黑色。

黑潮是一条暖流，年平均水温在24℃～26℃，夏季水温22℃～30℃，冬天也达18℃～24℃，平时比邻近的黄海水温高7℃～8℃，冬季温差更大。黑潮暖流给沿岸地区带来巨大的热量。由于受黑潮的影响，我国的台湾虽然大部分土地处在北回归线以北，却有着明显的热带气候的特点。而与我国淮阴处于同一纬度的韩国济州岛，可以生长典型的亚热带作物柑橘等。

近几十年来，人们发现黑潮暖流有时会出现一些十分奇怪的流势。

其一，当黑潮流到日本列岛南面海区时，本来向东北流动的洋流，有时会突然折向东南，然后又渐渐地拐了回来，形成一个奇怪的大弯，海洋学叫它"蛇形大弯曲"。蛇形大弯曲的弯度中心在东经138°附近，半径为150～400千米，这是世界洋流中一种十分罕见的奇特现象。据研究，自

1934年以来，这样的弯曲共发生过7次，每次持续时间也不一致。而且所流行的路线也不固定，甚至一年之内也有变化。到今天为止，人们还不知道黑潮暖流为什么会出现这样奇怪的情形。

其二，在这个大弯曲的南侧，人们还发现了一个巨大的冷水块。它的位置在日本以南远州滩附近，直径达420千米，发生时间与上述的大弯曲基本一致。蛇形弯曲与冷水块的相互关系怎样，是先有冷水块，再有蛇形弯曲，还是先有蛇形弯曲，再有冷水块呢？这也是一个令人无法回答的问题。

其三，黑潮主流中有时会有水体分离出来，形成直径约为200千米的漩涡，流速也比主流要快。为什么出

现这样的漩涡，也是一个未知数。

当然，人们更为关心的还是黑潮动态与东亚气候的关系：因为黑潮的一举一动，对中国、日本等东亚国家的气候都会产生重要影响。比如，我国科学家们在研究黑潮的时候发现，当秋末冬初流过吐喀喇海峡的黑潮暖流水温比常年高时，中国东部平原地区来年春天就会比常年多雨。又比如，人们发现，如果"蛇形大弯曲"

远离日本海岸，沿岸的气温往往有所下降，气候寒冷干燥；相反，沿岸气温就会升高，气候温暖湿润。当然，黑潮对东亚各地气候的影响远远不止这些。至于黑潮动态与我国的气候有着什么样的对应关系，现在还没有人能说得清楚。

总之，人们对于黑潮的研究还刚刚开始，相信不久的将来，会有更多的成果面世。

海洋淡水之谜

在海中航行，最紧要的是要有充足的淡水供应。近在咫尺的大海，虽然全是水，却是咸的，不能饮用。所以，远洋航船都要带上足够的淡水，有时还要带上笨重的海水淡化器，从海中制取淡水，以满足海上生活的需要。可是，海水淡化法生产淡水数量有限，花费也十分昂贵。

那么在辽阔的海洋上有没有淡水呢？

大名鼎鼎的哥伦布在他赴美洲的航行中，行到南美洲东北的奥里诺科河口时，因为船中没有淡水，船员们互相争斗，一个船员被扔进了大海。可是这个船员掉到海里以后，便大喊："淡水！淡水！"于是船员们停止了斗殴，跳到海里痛痛快快地喝了个够。

有关海中淡水的记载很多很多。人们发现在美国佛罗里达半岛以东的海面上，有一块方圆约30米的淡水区，看上去与周围的海水不太一样。普通的海水是深蓝色，这里则为淡绿色，水温也不一样。用嘴一尝，淡淡的，根本没有海水那种苦咸的味道。

海中取淡水，比用海水淡化制取淡水成本要低多了。可是，海中淡水并不是到处都有。人们在长期航海实践中所碰到的只是有限的几个，有什么办法帮助我们在茫茫的大海里找到宝贵的淡水呢？随着卫星上天、遥感技术的发展，人们可以利用红外线空间摄影的方法，把海中的淡水区一个个画出来。据说，在夏威夷群岛附近的浅水区里，就有200多个淡水区。

什么原因使大海上能有大量的淡水存在呢？大约有以下几个原因。

第一，海上有淡水泉，它的形成与陆地上泉的成因基本相同。

比如上面提到的佛罗里达半岛

海上的那片淡水，就是一个海上淡水泉。佛罗里达半岛海外有一个小盆地，中间深，四周高，盆地下面埋藏着丰富的淡水。淡水在盆地中受到很大的静压力，就在盆地中央以泉的形式喷出。科学家们计算出，这个海下喷泉的出水量为每秒40立方米，这个数字比陆上常见的泉水出水量大得多。

第二，一些流入海中的大江、大河的河口处，由于河流的水量巨大，大量淡水一时又不能与海水混合，就浮在海面上，成为重要的淡水源。

比如，非洲西部的刚果河，论水量它是世界第二大河，每秒钟就有39000多立方米的淡水流进大西洋，在海中形成一个范围很大的淡水区。在非洲西海岸外航行的船只，可以在远离河口150千米以外的海上找到淡水。

第三，不明原因的淡水源。20世纪80年代，苏联科学家在远东太平洋上找到一处淡水区，它既不是海底淡水泉，又不是大河的入海口。是什么原因使海上出现这片淡水区的，谁也说不清。

除了大家都知道的一些淡水区以外，能不能在海上找到更多的淡水？这种可能是存在的。但是，那些淡水在哪里？上述3种产生海上淡水的原因中，只有第二种比较容易确定，只要有一条大河流进海洋，人们就可以到这条河的入海口附近，去寻找漂浮在海上的淡水。而其余两种淡水区，都是船员们在多年海上生活中无意碰到的，并没有什么规律可循：谁也没有把握在一眼望不到边的大海上找到这类淡水区。至于大海中究竟有多少淡水区或淡水泉，更是不得而知。

海水会越来越咸吗

海水苦咸，是因为海水溶解了一定数量的无机盐。据测定，海水的平均盐度为35‰，也就是每升海水含有35克无机盐。海水无机盐中主要是氯化钠，约占百分之七十，其次是氯化镁，约占百分之十，其余还有硫酸镁、硫酸钙、硫酸钾，上述5种无机盐占海水无机盐的95%。此外，还有少量的碳酸钙与碳酸镁等。

也许有人会问：大海里的盐分自古就是这样的吗？海水是不是越来越咸了呢？

对于这个问题，不同学者有不同的看法。一种认为，地球上的水来自原始大气中的水蒸气，这类学者都主张海水中的盐分主要来自大陆。因为，在他们看来，原始大气中的水当然都是含盐量很低的淡水，而地球上永不停息的水循环作用却使地表水的含盐量不断增加。

地面上的水不断蒸发进入大气，又以降水的方式返回地面，降到地面上的水被河流送回海洋。在水循环的过程中，地球上大量的无机盐进入流淌着的河流，河流又把这些物质连同水一起，几乎毫无例外地带进海洋。海洋中的水又被蒸发进入大气层，开始又一轮水循环。

可是，从海中蒸发进入大气的水，并不带走盐分，也就是说盐分一旦进入海洋以后再也无缘重回大陆。就这样，随着地球年龄的不断增加，由河流带来的盐分不停地流入海洋，海水中的盐分必然逐渐积累，渐渐地就变成了今天苦咸苦咸的海水。

这就是有名的海水盐分"后天说"，认为海水中的盐分不是"生而有之"，而是随着时间的推移，在地球演化中逐渐形成的。

有些科学家并不同意上述的说

法。他们认为，海水一旦在地球上出现，就应该是咸的。他们有一个似乎是不容置疑的理由，那就是没有任何人观察到，海水中的盐是随着时间的推移而逐渐变咸的。

对于海水为什么一开始就是咸的，这还要牵涉到地球上水的来源问题。在这些科学家看来，地球上的水主要为"原生水"，它来自地球的内部，通过火山喷发和岩浆活动进入地表，与此同时，也带来了地球内部的可溶性的无机盐。大量研究表明，这

种活动一直持续到今天。随着海底调查工作的不断深入，人们陆续在深海的海底找到不少隐藏的热泉。海底热泉中含有大量矿物质，一部分在流入海洋以后沉淀下来，一部分可溶性无机盐则留在海洋中。正是这些不断喷发着的含盐泉水，在时刻补充着海水中的盐分。

当然，也有人采取折中的方案，认为海水中的盐分既有来自陆地表面的，也有来自地球内部的。也许这种方案比较客观，所以受到大多数学者的赞同。

至于海水是不是会越来越咸，意见就不那么统一了。主张海水盐分基本保持不变的学者认为，海水有很强的自我调节能力。海水中盐分的多少并不完全取决于进入海中的盐分的多少。当海水的盐度达到一定的数量时，会有一些溶解度较低的盐自动地从海水中结晶析出，变成固体物质沉积在海底，永远地从海水中退出来，以保持海水盐量的平衡。一些人拿死海作例子说，死海是一个内陆湖，虽然约旦河不断地把大量的淡水流进死海，但由于死海地区天气炎热，蒸发量极大，约旦河带来的河水根本无法抵消蒸发所失去的水量，所以死海一直处在萎缩的过程之中。可是不管死海如何变小，死海的含盐度基本维持在一个水平上，即270‰左右。当死海因蒸发而大量失水时，它就会让多余的盐分变成结晶物质从死海水中析出来，以维持死海水含盐量的稳定。

总之，海水为什么会是咸的，以后会不会越来越咸，这些看上去十分复杂的问题，也并不容易得出完全正确的答案。

马尾藻海之谜

1402年8月3日，意大利航海家哥伦布率领由3条船组成的船队，从西班牙的巴罗斯港扬帆起航。他们的目标是一直向西航行，穿过浩瀚的海洋到达东方的印度、中国和日本。结果他们没能到达亚洲东部，却发现了当时欧洲人还不知道的美洲陆地。这就是通常所说的"哥伦布发现新大陆"。

在这次航行中，哥伦布船队在大西洋中遇到了一片奇特的海区。

船队在海上航行了一个多月，还没有见到陆地的踪影，船员们都很失望。一天，一位水手兴冲冲地跑进船舱，告诉哥伦布，在大海的远方，发现一片绿色的土地。

船员们看到在那水天相接的地方，果然有一片平展展的草地，海风吹过，草原上荡漾起绿色的波涛。

当船只快要接近这片草原的时候，人们感到情况有点不妙。出现在他们眼前的，并不是什么陆地，而是一大片漂浮在海面的海藻。

这片布满海藻的海域非常大，海藻也长得十分茂密。船员们要奋力排除海藻的纠缠，开辟航路，船只才能前进。他们足足用了19天的时间才冲出了这片海区。

这种海藻与生长在海边上的海带（也是海藻的一种）很不相同。海带只能生长在几十米深的海湾里，用附着根把自己的身躯固定在海底沙滩上。可是，这里的海藻身上长着不少球状气囊，能漂浮在水中，可以在几千米深的海洋中茁壮生长。它的叶子很像花瓣，显出黄褐色的颜色，又常常聚集在一起，人们把它叫作马尾藻。这片长满马尾藻的"海上草原"就叫马尾藻海。

马尾藻海的具体位置在北美大陆

的东南方、中大西洋的北部，大约在西经40°至75°，北纬20°到35°之间，面积有六七百万平方千米。举世闻名的旅游胜地——百慕大群岛和人们常听到的"魔鬼三角区"的一部分都在马尾藻海范围之内。

科学家从海水环境的角度解释了马尾藻海形成的原因：我们知道，海洋中也有"河流"，那就是大洋中定向流动的暖流和寒流。马尾藻海区正处在墨西哥湾流和大西洋暖流之间，终年不息的两股暖流围绕着马尾藻海

按顺时针方向流动，使表层海水不断地向中央聚积，形成所谓的几百米厚的既温暖又均匀的"马尾藻水"，水温常年都在25℃以上，最适于马尾藻的生长和繁殖。于是，这一带海域也就成了马尾藻生长繁衍最茂盛的海区。

马尾藻海也有不少令人难以捉摸的地方。首先，对于马尾藻的来源，各人说法不一。有人认为它们是从外地漂过来的，早先它们附生在西印度群岛的海底礁石丛间，是

被一场暴风冲刮到现在这个地方，从此在这里安家落户的。但美国自然历史博物馆馆长巴尔博士经过多年研究，否定了这种说法。他说，马尾藻海的藻类都属漂浮生长的，没有迹象表明它们曾有过贴附在礁岩上的生命史。它们的总量也远远超过从沿海海船漂过来或遇难船只带来的可能性。也有人认为，这里生长的马尾藻本来就是生活在这里的"土著"，根本不存在外来的问题。所以，马尾藻海上的马尾藻究竟从何而来，无人能说清楚。

又比如，马尾藻海上的马尾藻有时多，有时少，漂泊不定，时隐时现。有些海员说，他们来往于马尾藻附近的海域，大多时候能远远看见这片海上草原，但有时却一点影子也不见。它的位置也有变化，一会儿东，一会儿西；一会儿大，一会儿小，不知道是什么原因。马尾藻海区的海面，也比周围的水域要高些，经过测量，得出的数字为1米左右。这种现象不知是何原因。

最让人感到迷惑不解的是，马尾藻海与大西洋上有名的魔鬼三角区几乎处在同一范围内，魔鬼三角是世界海难空难多发区，无数船只和飞机在这里葬身大海。人们对于魔鬼三角的认识还有许多未知数，有人说：闯出魔鬼三角区，进入它的东邻海域，那里风和日丽，"绿草如茵"。但在这平静的海面上，也常常发生意料不到的事故，飞机坠毁，船只沉没。那么，马尾藻海与魔鬼三角的那些未解之谜又有什么关系呢？

看来风平浪静的马尾藻海，风波依旧，何时才能把谜底揭穿？

深海平顶山之谜

在神秘的深海世界里，颇令人迷惑不解的，要算是平顶山了。平顶山的顶巅，就像是被快刀削过似的那么平坦，它的名字就是这么得来的。

第二次世界大战期间，美国普林斯顿大学赫斯教授在美海军任舰长时，曾对太平洋的深度进行过一些探测，第一次发现了从夏威夷到马里亚纳群岛一带四五千米的深海海底，耸立着许多平顶的山峰。以后的进一步测量证实，这些平顶的山峰，顶部的直径约有5海里，把山脚计算在内，形成直径约9海里左右的高台。山腰最陡的地方倾斜约达32度，再往下形成缓坡，并呈现阶梯状，山顶约距海面2000米。这些情况是所有海底平顶山的共同特征。

这些深海平顶山，分布在除了太阳和星星以外就看不见其他任何目标的太平洋的海底。在这里，由于它们的形状独特，便成了极为突出的海底航标。航行在这一

带的船只，只要有一幅反映海底平顶山分布位置和水深情况的海图，使用方位仪和声波测深仪，就可准确地测定出船位。深海平顶山就这样为现代航海作出了贡献。

凡是存在深海平顶山的地方，一般都是良好的天然渔场。因为当深层水流冲击深海平顶山时，便产生一种上升水流，深海里的营养物质随着上升水流浮至浅层海面，海水中营养物质一多，就会麇集起众多的浮游生物，从而吸引鱼群到这里来觅食，形成良好的渔场。

深海平顶山是怎样形成的呢？这是正在探索中的一个自然之谜。

令人惊讶的是，人们在太平洋西部靠近美国加利福尼亚的一座海底平顶山的山顶上，采集到了白垩纪的圆形鹅卵石，而在这座平顶山的山麓下，采集的却是火山岩岩石。其后不久，美国斯克里普斯海洋研究所的"彼得"号考察船，在北太平洋北部一座海底平顶山山麓，同时发现了光滑浑圆的鹅卵石和全身布满小孔的火山浮石。这一下使人们陷入了五里雾中，对深海平顶山的成因越发感到莫名其妙了。

因为这种圆形的鹅卵石只有在海岸附近岩石不断受到海浪冲击才有可能形成。从常识来判断，深海海底是没有条件形成这种鹅卵石的。那么，深海平顶山上的这些鹅卵石是从何而来的呢？

这是一个关系到深海平顶山成因的问题，人们对此提出了种种假设。有的说，深海平顶山是由接近海面的环形珊瑚礁下沉形成的；有的说，深海平顶山是太古时期的环形礁下沉，又被深海沉积物填平其凹陷而形成的。可是这些假设对平顶山山顶和山麓的火山浮石，以及斜坡的阶梯状坡形这些不容忽视的重要特征，都未能给以科学的解释，因此无法令人信服。以后，又产生了深海平顶山是以往古火山形成的假设，这个假说现在已经成了板块学说的一部分。

迄今为止，深海平顶山的成因一直是海洋地质学的重大研究课题。耸立在太平洋深海海底绵延数千里的奇特的水下山脉，拔出数以百计的顶巅平坦的奇妙山峰，仅这一现象，就使人感到非常神秘。但是，要彻底揭开深海平顶山的成因之谜，还有待科学家们今后的研究和探索。

海鸣之谜

广东湛江硇洲岛的东南海面，每当天气变坏或风暴来临之前，海上就发出有规律的"鸣、鸣"之声，这声音犹如闷雷，一高一低，参差有致。出海的渔民听到这种声音，马上起网，迅速驾船返航，以躲避风暴的袭击。

渔民们把这种声音称为"海鸣"。可这声音是从哪里发出来的呢？

硇洲岛的渔民中有这样一种传说："海鸣"是海中的一个"水鼓"发出的声音。这"水鼓"是从前建造硇洲岛的国际灯塔的时候，法国人安放在海中的。灯塔给过往船只指引航向，"水鼓"则用做天气预报，"水鼓"发出的声音，是预测风暴将要来临的"警报"。

据说这种传说曾引起有关方面的兴趣，并为此作了一些调查和研究。

湛江旧称广州湾，清末(1898)被法国侵占，至1943年被日本侵占前一直为法国所统治。硇洲岛附近的航道，是进出湛江港的咽喉之地，由于浪大流急，时常发生船只沉没、触礁事故。法国侵略者为了殖民和掠夺的需要，曾在硇洲岛上建了一座较大的为船只引航的灯塔，但是否同时在海中安放了"水鼓"这种仪器，则无从知道，也未找到这方面的史料。为此，曾派船到这一带海域搜索过，也是一无所获。所以究竟有没有"水鼓"这种仪器，不得而知。

1969年，人们曾在这一带海域发现有一群"海猪"栖息。这"海猪"可能是指"江豚"或"海豚"。于是，又有人认为"海鸣"是"海猪"预感到天气即将变坏，它们烦躁不安，因而发出了"鸣、鸣"的叫声。这声音也可能是"海猪"相互间的联络信号。

自1976年以后，"海鸣"的声音逐渐减弱，以至消失了。有人认为，这是由于"水鼓"年久失修，功能逐渐减弱以至完全损坏的结果。而认为是"海猪"叫的人则说，这是由于70年代以来人们在这一带海域的活动增加，影响了"海猪"的正常生活，所以"海猪"就迁到别处去了，当然也就没有"海鸣"之声了。

还有一些人认为，"海鸣"是从远处传来的风暴的声音。声音在海面上和海水里传播的速度大大高于风暴中心移动的速度，因此，远处的风暴声先于风暴到达砀洲岛东南海面，使海面发出"呜、呜"的风声。

这几种说法都不能自圆其说。例如，说是"水鼓"发出的声音的人，无法证实"水鼓"是否存在；说是"海猪"叫的人，无法回答"海猪"只在这一带海上叫，迁到别处就不叫了的问题；主张是从远处传来的风暴声的人，也无法说清风暴声为什么不在别的海区出现，以及1976年以后这里的风暴声为什么减弱了、消失了等问题。

至今，砀洲岛东南海面曾出现过的"海鸣"现象，仍然是个不解之谜。

深海浓雾之谜

1963年夏天的一个阴沉的早晨，美国深海潜水船"托利爱斯太"号在离波士顿港500千米的大西洋上徐徐下潜。深海一片黑暗，"托利爱斯太"号打开了探照灯，启动观察仪器不停地向上下左右扫视，以搜寻因失事而在这一带沉没的核潜艇"斯莱西亚"号。

正当"托利爱斯太"号将要接近海底之时，突然在它的上方出现了由大量微小颗粒构成的"浓雾"。这种"浓雾"迅速地向它逼近，可是

"托利爱斯太"号不能下潜避开，因为下面海底布满了嶙峋的礁石，这使它处于极大的困难和危险之中。不一会儿，"托利爱斯太"号便被这些厚厚的"浓雾"团团包围了，它只好停在原地，以等待"浓雾"消散后再行动。

但是，就在这时，"托利爱斯太"号上的观察仪器却发现了失事沉没的"斯莱西亚"号核潜艇的残骸。它像一座小山丘似的躺卧在海底，上面也笼罩着那种厚厚的"浓雾"。当时，因为弄不清这是一些什么东西，美国学者们只好称之为"神秘的浓雾"。

后来，通过对"斯莱西亚"号失事原因的调查，证实了正是这种"神秘的浓雾"，造成了这艘核潜艇触礁沉没的悲剧。

美国国家海洋与大气局的科学家们对这种深海浓雾进行了观测和研究，弄清了这是一种含有重金属和化学毒素的微粒物质，它们散布在海水中，污染了海水，可使鱼虾等海洋生物死亡；它们形成浓厚的"雾团"，布满海区和海底，使潜水船只迷航，甚至触礁沉没，对人类的海中潜水活动十分有害。

可是，科学家们却无法弄清这种"神秘的浓雾"是从哪里来的，它们形成的原因是什么，以及它们形成和消散的规律是怎样的，因而也就无法制定预防的方法和措施。科学家们仍在继续进行观察和研究，以期揭示这一自然之谜。

埃弗里波斯海峡之谜

希腊是个海洋国家，岛屿、半岛星罗棋布，海峡、海湾紧密相连。其中有一处长长的海峡，将希腊本土与希腊第二大岛——埃维厄岛分开，这便是著名的埃弗里波斯海峡。

自古以来，埃弗里波斯海峡一直是个神秘莫测的地方。早在古希腊时代，大哲学家、科学家亚里士多德和

许多的科学家就对这里的奇异的水流产生了浓厚的兴趣，企图解开这令人迷惑的水流之谜。

原来，在埃弗里波斯海峡中部的卡尔基斯市附近，海水的流向反复无常，一昼夜之间往往要变化6～7次，有时甚至要变化11～14次。与此同时，海水流速可达每小时几十海里，

这给过往船只带来了很大的危险。有时候，变幻莫测的海面突然变得十分宁静，海水停止了流动，然而可能不到半小时，海水又汹涌澎湃、奔腾咆哮起来。也有的时候，海水竟能一连12小时朝着一个方向奔流而去。

继亚里士多德之后，两千多年来，许多国家的哲学家、天文学家、数学家、海洋水文学家、地理学家等各方面的专家，对埃弗里波斯海峡令人费解的水流进行了研究和探索，最终均一无所获。世界各地的海洋潮汐，均有规律可循，并可进行潮汐升降涨退的预报；世界各地的海流，都有各自相对固定的路径、流向和流速，即使发生变化，也有规律可循。唯有埃弗里波斯海峡的海流，流向和流速变化不定，没有规律，变化的原因不明，当然也无法进行预测。

不久前，希腊科学家提出，这种现象是地中海海水的自然波动、起伏所致。然而，这种看法早在古希腊时亚里士多德即已提出，并不是什么新的理论，更无法具体地说明埃弗里波斯海峡水流异常的原因。埃弗里波斯海峡之谜仍有待破解。

深海动物起源之谜

人们一般把深度超过200米的水域称为深海。那里没有太阳光，是一片黑暗的世界。由于海水的压力随着深度而增加，深度越大，海水的压力也越大，在4000米深的海底，一个成年人所承受的压力，大约相当于20个火车头压在身上。经深海调查得知，深海区的水温终年不变，一般都在4℃左右，水不大流动，水中氧气很少，加上没有阳光照射，光合作用

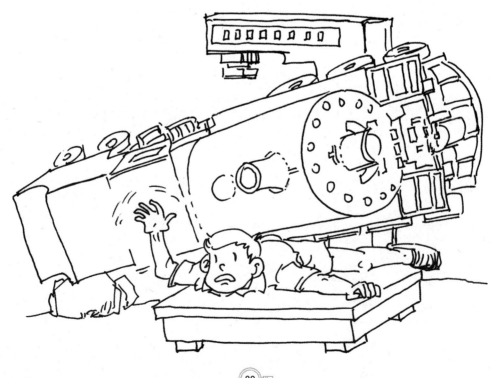

无法进行，因而深海里没有植物。然而，令人难以置信的是，在如此恶劣的深海环境中，却生活着许许多多深海动物，其种类可以说难以计数。就鱼类来说，有巨尾鱼、后肛鱼、巨喉鱼、叉齿鱼、锯颌鱼、皮条鱼、黑鲸犀鱼、树须鱼、固灯鱼、鞭吻鱼、须鳒鱼、狮子鱼等等。棘皮动物不能在淡水中生存，但却能在深海里成长，主要的种类有海胆、海星、海花(海百合)、海参等等。此外，深海底还生活着红螺、蚌、巨型蠕虫、虾、蟹、海蜘蛛等。

这些深海动物是从何处起源的呢？这在目前仍然是一个未解之谜。

有的学者认为，深海动物起源于深海之中。远在几亿年以前，最古老、最原始的动物栖息于水深超过千米的深海之中。其理由是，人们曾用拖网从那里得到了被称作动物发展史上"失踪的环节"和仅仅从化石中才了解到的绝迹动物。例如，有10个从3540米深海底捕获的活标本——铠甲虾和新帽贝，可以说是与3.5亿年前就已灭绝的古蜗牛和帽贝同是一家。另外，在那里还存在着动物界中特殊的目，即不久前才发现的新纲动物——海洋拟蠕虫。这足以说明深海

动物的古老。

有的学者认为，深海动物起源于海水的表层动物或海滨的动物。后来，它们主要通过两条途径迁移到深海定居下来，一条途径是从海面经所有的水层，也就是从光照层到弱光层再到无光层，抵达深海；另一条途径是沿着海底大陆架——大陆斜坡——深海迁移下去的。现已证明，深海底栖鱼类最早是生活在大陆架的浅海底栖鱼类，后来它们沿着大陆斜坡逐渐向深海底分布过去，慢慢适应了深海生活。人们在7000米的海沟底层捕到的深海狮子鱼和须鳂鱼，就分别与在沿海过底栖生活的浅海狮子鱼和须鳂鱼属于同一个家族。

也有人认为，所有的深海动物以及淡水动物都起源于浅海。而淡水动物比深海动物要古老，说明浅海动物先向陆地淡水区域迁移，然后再向深海迁移。

还有一种观点认为，大多数深海动物可能来自北极海域或南极海域，因为它们都有适应低温生活的特征。

总之，对于这个自然之谜的解释和推测是各种各样的，目前各国学者仍在积极探讨之中。

海底玻璃之谜

我们每天都要与各种各样的玻璃制品打交道，如玻璃杯、玻璃灯管、玻璃窗户等等。普通的玻璃，以花岗岩风化而成的硅砂为原料，在高温下熔化，经过成型、冷却后便成为我们所需要的玻璃制品了。

然而，在很难找到花岗岩的大西洋深海海底，居然也发现了许多体积

巨大的玻璃块，这真是一件非常奇怪的事。

为了解开这个海底玻璃之谜，英国曼彻斯特大学的科学家们进行了多方面的分析和研究。

首先，这些玻璃块不可能是人工制造以后扔到深海里去的，因为它们的体积巨大，远非人工所能制造。

有些学者认为，这种玻璃的形成，有可能是海底玄武岩受到高压后，同海水中的某些物质发生一种未知的作用，生成了某种胶凝体，从而最终演变为玻璃。如果真是这样的话，今后的玻璃生产就可以大大改观

了。现在我们制造一块最普通的玻璃，都需要1400℃～1500℃的高温，而熔化炉所用的耐火材料受到高温玻璃熔液的剧烈侵蚀后，产生有害气体，影响工人的健康。假如能用高压代替高温，将会彻底改变这种状况。

由于这个设想，有些化学家把发现海底玻璃地区的深海底的花岗岩放在实验室的海水匣里，加压至4053兆帕斯卡，结果根本没有形成什么玻璃。那么，奇怪的海底玻璃到底是怎样形成的呢？迄今仍然是一个未能解开的自然之谜。

海洋深处奇异生命之谜

真正的海洋奇观不是别的，而是深海中繁衍的"超级生命"。科学家探险小组簇拥在一艘小型的深潜器上，直潜海底。透过舷窗，研究人员清晰地看到，从一个充满熔岩的谷底耸出层层山脉，在一个山顶上竟然从深深裂缝中冒出黑烟。这不就是火山口吗？！他们惊喜地叫喊起来。这艘名叫"阿尔文森"的潜水船经验老到，大胆地直驱火山口，迅即使用机械臂将温度计伸入洞口那烟雾腾腾的液体喷泉处。温度显示400℃以上，那荡漾水汽与几近结冰的海洋形成鲜明的对比，分明是两个世界。此时，最令人震惊的场面出现在人们面前：火山口周围群居着大量的生物，热泉附近的岩石上黏附着无视力的管状蠕虫，一团又一团；海底无数的螃蟹忙碌地爬行着；蛇状的帽贝则吞食着覆盖在岩石上的小细菌。要知道，三年

前的一次海底火山喷发曾吞噬了这里的一切生命，这些生命在如此短的时间内便重返家园繁衍生息，令人惊叹不已。

很难想象，这些深海生命在高出海面几百倍压力的黑暗世界中生存，还要与有毒的火山气体浓雾进行斗争，它们吃什么？人们知道，火山气体从大洋中脊下的热点处山脉升腾，正是在这些热点处群集着生物。火山喷发时，叫作岩浆的炎热液体岩涌到表面，岩浆堆集为洋脊，并产生热泉。正是在这些海洋热泉中含有十分丰富的化学物质，这些物质是炎热的液体经岩石沥滤获得，以此滋养着海底奇异的生命。在海底生命群落中，细菌可谓食物链的基础。如何将火山口的重要化学物质硫化氢转变成其他生物的营养，这个重任首先由硫化氢杆菌来承担。细菌的不断繁殖，又为

其他生物提供了丰厚的食源。有些动物就直接以细菌为食，另一些动物则靠这些细菌在体内将化学物质转化为营养物质，变成食物，就像人体的某些肠道细菌一样。

人们在陆地追踪一次次火山喷发前后的生物繁殖规律，就不是一件容易的事，何况在远离大陆的大洋中脊去探访深海生物。人类首次拜访海洋火山口是在1991年，科学家们冒险潜到远离墨西哥海岸的一个太平洋的洋脊，那次他们到达时根本没有发现任何生命，但找到了生命的遗迹：在一团团巨大的弥漫烟雾的黑水中，偶见似雪花的一缕缕白色死细菌；在熔

岩淤泥中找到被灼烧的管状死蠕虫。不用说，这是刚发生的火山喷发毁灭了所有生命。从这次起，研究人员的兴趣日浓，数次探访这一火山口，试图寻求生命的奥秘。令人惊奇的是，火山喷发后仅几个月，他们就看到横行霸道的螃蟹吞食着细菌和被灼烧的管状蠕虫尸体。细菌当然是捷足先登者。火山喷发后一年，几种管状蠕虫便先后到达，并有长达25厘米的成年蠕虫。到1993年，科学家们再次拜访这个火山口时，发现了长达约15米的巨大红白色管状蠕虫，加入这个队伍的还有帽贝、蛤以及其他珍稀生物；1994年，海洋大鱼也光顾这肥沃的区域，以小动物为食了。于是，一个奇妙的海底火山口生物群体便应运而生。

人们疑惑，这些海洋生物为何如此迅速地找到这块宝地？是它们嗅到了硫化氢的化学气味，赶上了海流而至，还是发现了其他线索？科学家们至今无法解释。

鲨鱼群居之谜

以往人们总是认为，在无边无际的海洋里，鲨鱼从来不过成群结队的群栖生活。因为鲨鱼生性残忍，吞食同类。小鲨鱼见到大鲨鱼，一定会逃之夭夭；大鲨鱼遇到小鲨鱼，也会加以追杀，绝不会口下留情。

可是，1977年，在墨西哥湾的美国得克萨斯州沿岸一带，却出现了海洋生物史上罕见的奇观：2000多条大小不一的海上凶神——鲨鱼，群集在24千米长的海域里，不停地游来游去。它们既不凶残地相互厮杀，也不贪婪地吞食弱小，而是和睦相处，显得十分温文尔雅。

为了解释这种奇特的现象，美国海洋研究所的研究人员克拉依姆利于

1977年夏天来到墨西哥湾，对得克萨斯州近海的3个鲨鱼群观察研究了一个月，得到了不少有趣的资料。

这些鲨鱼群分别是由30～225条雌雄相杂的鲨鱼组成，鲨鱼体长为0.9～34米不等，平均体长为17米。群集的密度较高，一般在距水面0.6～23米的深度活动，大部分鲨鱼游弋于10米深的水层中。雌鲨鱼在鱼群中占有绝对优势，约为雄性的27倍。

鲨鱼为什么会结集成群，它们为什么不互相残杀而是和平共处？这些都是未解之谜。克拉依姆利提出了一系列假设，来说明鲨鱼集结的原因：或为了交尾，繁殖后代；或为了集体抵御更凶猛的敌害的袭击；集群游动可以减少前进阻力，节省能量；便于找到食物等等。但这些都只是假设而已。假设并不等于事实。真正的原因是什么，仍然是一个谜。

深海绿洲存在之谜

万物生长靠太阳。阳光是生物的能量来源，假如没有太阳，地球上所有的生物，包括人类在内，都没法生存下去。但是，这种看法现在似乎需要改变，因为在深海底没有阳光的黑暗世界里，目前已发现存在着生命的绿洲。

前不久，科学家通过深海考察，在太平洋加拉帕戈斯群岛之东南320千米，深度为2600米的海底火山附近，发现有不靠阳光生存的动物。阳光最多能到达海平面下100至300米，那里是一片漆黑，但却有大量长达1米的蠕虫(像水族箱的管虫)和30厘米大的巨蛤。另外，还有一些淡黄色的贻贝和白蟹。

在另一次深海科学考察中，在离南加利福尼亚150海里的海底火山口，深度同是2600米的地方，科学家除了再次发现上述各种生物外，还发现了一种长得很像白鳗的鱼，这便是人类发现的第一种完全不依靠阳光生存的脊椎动物。这两次惊人的发现，引起了科学家们的极大兴趣：在没有阳光的深海世界里，这些生物为什么能生存下来，而且长得越来越旺盛呢？

海底火山口生物存在的奥秘几经科学家研究，终于真相大白。原来，在海底的地壳移动时，产生了海底裂缝，当海水渗入这些裂缝，并在里面循环流动时，水温便升高到350摄氏度左右。热水把附近岩石中的矿物质(主要是硫黄)溶解出来，在高热和压力的作用下，和水反应合成硫化氢，培育恶臭和有毒的东西，这就是火山口附近一些生物的能量来源。

之所以如此，是因为无论是蠕虫、巨蛤或是贻贝，其消化系统大部分已退化，取而代之的是体内寄生着大量的硫细菌。这些深海生物和硫细菌两者互相依赖，共同生存。一方面，深海生物为硫细菌提供一个稳定的生活环境，以及合成营养的原料（硫化氢、二氧化碳和氧气）；另一方面，硫细菌则通过一连串的化学作用合成营养(碳水化合物)来回报深海生物。这个情况，就好像陆地上植物的叶绿素，进行光合作用合成碳水化合物一样。不同之处，只是高能量的硫

化氢取代了阳光。

但是，最令科学家迷惑不解的是，那些深海生物的体内存在着大量硫化氢，却仍能正常生长。硫化氢对生物的毒性并不亚于我们熟悉的氰化物，它能取代氧而和进行呼吸作用的酵素结合，因而能使生物窒息致死。不过，研究人员已查出蠕虫血液里的血红素，它除了有运载氧气作用外，同时对硫化氢亦有极强的吸附力，从而防止硫化氢与进行呼吸作用的酵素结合，直接把硫化氢运往硫细菌寄生的器官中。巨蛤体内则有一种特别分子去运载硫化氢，消除其毒性。至于其他深海生物的硫化氢"解毒"机制，则仍待研究。

目前，对有关深海火山附近生物的了解，虽然仍不完全，但已引起科学家的联想：在一些拥有高能量物质的环境里，例如含硫化氢和甲烷的沼泽，可能存在着类似的生物。由此看来，随着科学的发展，这个没有阳光的黑暗世界，终有一天会展现在我们的眼前。

海底世界的奥秘

1979年，科学家们重新回到了加拉帕戈斯群岛，在海底发现了一幅使人眼花缭乱的生物群落图：热泉喷口周围长满红嘴虫，盲目的短颚蟹在附近爬动，海底栖息着大得异乎寻常的褐色蛤和贻贝，海葵像花一样开放，奇异的蒲公英似的管孔虫用丝把自己系留在喷泉附近。最引人注目的是那些丛立的白塑料似的管子，管子有2～3米长，从中伸出血红色的蠕虫。

科学家们对与众不同的蠕虫作了研究。这些蠕虫没有眼睛，没有肠子，也没有肛门。解剖发现，这些蠕虫是有性繁殖的，很可能是将卵和精子散在水中授精的。它们依靠30多万条触须来吸收水中的氧气和微小的食物颗粒。

科学家们对于喷泉口的生物氧化作用和生长速度特别感兴趣。放化试验表明，喷口附近的蛤每年长大4厘米，生长速度比能活百年的深海小蛤快500倍。这些蠕虫和蛤肉的颜色红得使人吃惊。它们的红颜色是由血红蛋白造成的，它们的血红蛋白对氧有高得非凡的亲和力，这可能是对深海缺氧条件的一种适应性。

生物学家们认为，造成深海绿洲这一奇迹的是海底裂谷的热泉。热泉使得附近的水温提高到12℃～17℃，在海底高压和温热的条件下，喷泉中的硫酸盐便会变成硫化氢。这种恶臭的化合物能成为某些细菌新陈代谢的能源。细菌在喷泉口迅速繁殖，多达1立方厘米100万个。大量繁殖的细菌又成了较大生物如蠕虫甚至蛤得以维持生命的食物，在喷泉口的悬浮食物要比食饵丰饶的水表还多4倍。这样，来自地球内部的能量维持了一个特殊的生物链。科学家称这一程序为"化学合成"。

科学家们在加拉帕戈斯水下裂谷附近2500米深处的海底一共发现了5个这样的绿洲。全世界海洋中的裂谷长达75000多千米，其中有许多热泉喷出口，那么总共会有多少绿洲呢？还会有更多的生物群落出现吗？这些问题不仅关系到人类对海洋的开发，还涉及生命起源这一基础理论课题的研究。

海水中含有多种化学元素，在106种元素中，有80多种可在海水中找到。海底下还有丰富的矿藏。人们一向认为，海里的元素和矿藏，都是从陆上来的，是随着河水流入大海的。

然而，科学家们发现，海水中的元素含量是不平衡的，同陆地上相比，锰的比例过高而镁不足。对海底的考察又发现，许多矿床元素在大洋中脊附近最多，往两侧则逐渐递减。这说明海里的元素不光来自陆地。

美国地质学家巴勒特在乘"阿尔文"号潜海调查时，在海底热泉附近发现一座座高3～7米的海底"烟囱"喷吐着黑色的"浓烟"。"浓烟"实际上是含有高浓度矿物质的高热溶液，"烟囱"本身也是喷出的矿物质遇到海水后冷析而成的。这个发现揭开了海水成分之谜。科学家们提出这样一个设想：深海底部的热泉带出了来自地球深处的矿物质，但海水同样会沿着隙裂渗透到地球内部，估计每隔1000～2000万年，海水通过地壳内部循环一次。海底的热液金属矿床，包括铜、锡、银、钴、锌、硫等，以及地球上许多最有价值的矿物沉积层都是由这些携带有金属的热泉水造成的，红海海底金属矿床的富集就是一个典型。在热泉喷口的水中直接取样也证明了在海洋地壳内部的环流期间，海水失去了一部分镁而增加了锰。

初步考察的成功激起了人们更强烈的好奇心。人们不禁要问，大洋深处还有什么新的、更大的秘密在等待着我们去发现？

螃蟹岛之谜

在巴西马腊尼昂州圣路易斯市海岸外的大西洋中，有一个神秘的无人居住的小岛，由于岛上螃蟹密布，人们就称它为"螃蟹岛"。

关于这个螃蟹岛有许多奇闻，在人们中间长期流传。

据说，在螃蟹岛的中心地带，有许多淡水湖泊，那儿有不少巨蟒、豹子、鳄鱼及奇形怪状的猴子，是一个野生动物啸聚的处所。这些动物是怎么来到这个大西洋上的孤岛上的？人们无法解开这个谜。

传说曾在岛上发现过野人。有一次，三个渔民乘船去岛上捉螃蟹，在船上看守的那位渔民突然发现一个全身长满毛发的野人，向船上扔树枝、树叶。他惊恐万状，大声呼喊自己的同伴，可是转眼间野人已不知去向。

还有人说，这里出现过飞碟袭击人的事件。1976年，有四个渔民来岛上捉螃蟹，正当他们在船上睡觉时，突然遭到一股奇怪大火的袭击，他们急忙把船开到附近的港口，可是两个渔民被烧死，另一个也被烧伤。这场火灾是怎样烧起来的呢？不可能是闪电引起的，因为船只完好无损。经过一番调查，未能得到确切的结论。但许多人都认为，肇事者很可能是飞碟。

螃蟹岛还有一个奇怪的现象，每当夜晚来临，岛上经常出现一些奇特的强光，红光闪烁，景况动人。但这些光是从哪里来的呢？人们至今也未解开这个谜。

在这个孤零零的海岛上，滋生着各种蚊子。令人不解的是，它们在白天也很活跃，成群结队地袭击动物和人。来这儿捉螃蟹的渔民，必须带着用纸卷成的又粗又长的蚊香，以便驱散这些可怕的蚊子。

螃蟹岛的地质构成也非常奇特，岛的四周全是密实的胶泥，气味恶臭。这种恶臭的胶泥是怎样形成的？为什么在这种胶泥上会繁殖如此众多的螃蟹？这又是一个谜。由于胶泥深厚、柔软，上岛来的捕蟹者必须先脱掉衣服，迅速地匍匐前进，决不能停留在一个地方，否则会深陷泥潭，不能自拔。为了安全，他们往往每6～8人一组，集体行动。捕蟹者都要有一种特殊的本领，他们把手伸进蟹洞，抓出螃蟹，举到眼前，认出雌雄，这一套动作几乎不超过一秒钟。为了使生态不受影响，他们总是把雌蟹留下，只把雄蟹带走。上岛捕蟹是很辛苦的，但却收获颇丰，每条小船来岛一次可捉到1500～2000只大螃蟹。

神秘的螃蟹岛的许多疑谜，仍在等待着人们去揭示。

独角鲸的长牙之谜

独角鲸是世界上唯一长着螺纹牙的动物，几乎在一切描绘独角兽的图画里，都画着这种长牙。独角鲸的大小像海豚一样，直到现在仍然几乎跟弗罗比歇时代一样很少为人们所了解。即使在今天，独角鲸那奇特的外貌和罕见的踪迹，总会唤起人们种种神思和遐想。

尽管可能有20000～30000条独角鲸在北极海域游弋，但它们的生态特

性、生活史和习性对我们大多数人来说，仍然是模糊不清的。难得有人对独角鲸进行详细的研究，也从未有人能成功地驯养它。这种不轻易露面的动物栖居在加拿大、格陵兰和苏联远离航道和捕鲸场的偏远而寒冷的沿海地区，因此即使是死的独角鲸也是十分罕见的。

独角鲸牙引人神思遐想，非常罕见。独角鲸雌性体长约4米，通常体重1吨左右；而雄性比雌性大得多，长可达5.2米，重达1.8吨左右。幼鲸皮肤为蓝灰色，成年鲸为黑色，进入老年的独角鲸逐渐变成灰白色。最为奇特的是，雄鲸的左上颌长有一枚长2米左右的长牙，呈笔直的螺旋形；而雌鲸一般很少有这种长牙。独角鲸（也称"一角鲸"）就是因为有了这枚似角的长牙而得名。

独角鲸为什么会长这么一枚长牙，这长牙有什么作用？

有的学者认为，这长牙是独角鲸对付敌害和与同类争斗的武器；有的学者则认为，由于独角鲸生活在北极冰冻海域，这只长"角"是用来凿穿冰层，以便进行呼吸的；还有科学家认为，独角鲸的长"角"是它

获取食物的工具；另一些科学家则设想，独角鲸在快速游动的时候身上发热，它们是利用这枚长牙来散发余热的；也有一些科学家说，在寻找食物的时候，独角鲸利用这只"角"作为回声定位的工具；还有一种看法是，独角鲸利用这只"角"，改善全身的流体力学性能，从而游动得更快；有的学者还认为，独角鲸这只长"角"的尖端表面很光滑，似乎是可以用来引诱小鱼，以便乘机吞下。真是众说纷纭。

此外，科学家们还提出了一系列尚待解决的问题。为什么独角鲸这个螺旋形的"角"上都是左旋螺纹，而不是右旋螺纹？为什么只有雄鲸长"角"，而雌鲸极少长"角"？这种鲸上颌本来左右两边各有一枚牙齿，但为什么只有左边的一枚长得这样长，右边的一枚却隐在牙床里没有长出来呢？这种不对称的现象在动物界是闻所未闻的。大象、海象、儒艮（人鱼）、野猪等都长有一对弯曲的长牙，为什么只有独角鲸长的那一根长牙是笔直的？

几个世纪以来，独角鲸的长牙一直是人们追逐的对象。主要原因是人

们认为这只独"角"乃是稀世之珍，是可以治疗多种疾病的神奇药物，包括治疗疟疾和鼠疫。俄罗斯的科学家曾分析过这种"角"的化学成分，解释了它神奇功效的奥妙，即它能中和毒物的化学成分，主要是一种含钙的盐使毒物丧失了毒性。由于人们长时期的大量捕杀，独角鲸已处于灭绝边缘。

尽管长期以来科学界一直未中断过对独角鲸的研究，但至今仍有许多奥秘未能揭晓。1988年夏，两位加拿大科学家来到巴花岛以北的一个海湾，试图揭开这个谜。他们向海里抛出一张巨大的渔网，然后静静地等待着，终于他们听到了一阵爆炸般的震耳的响声，一群独角鲸游过来了，然而遗憾的是只网住了一头，其余的都逃脱了。两位科学家把一个小型管状无线电装置固定在这头独角鲸的长牙上，然后在直升机上观察它的行踪。然而出乎意料的是，两天以后，这头独角鲸竟然从科学家们的视野中消失了，留给人们的仍然是未解之谜。

抹香鲸之谜

抹香鲸是齿鲸类个体庞大的一种，而它真正吸引人的地方在于它占体长四分之一的巨大额部，那里面储存了丰富的油脂，可供人们提取10～15桶(每桶为36加仑)纯净的鲸油，为此，它们也付出了惨重的代价，由当初的100多万条锐减为现今的几万条。

幸好贪得无厌的人们及时恍然悔悟，停止了大肆捕杀，在印度洋上开辟了鲸类禁猎区，才避免了抹香鲸的灭亡。

然而，人们并未停止对抹香鲸的兴趣，只不过已变为另一种方式，即对抹香鲸神秘性的探索，相信这种工作才是真正有意义的。

1981至1984年，在国际野生动物组织的资助下，加拿大纽芬兰海

洋科学研究学会的H·瓦德汉等五位学者，首次完成了对抹香鲸生态习性的全面考察，掌握了大量的第一手资料，对神秘的抹香鲸有了初步的了解，也带回了一些无法解释的谜团。

首先，依然是那个装满油脂的巨大额部，它对抹香鲸来说到底起什么作用呢？科学家们对此作了种种推测，说法不一。

美国的W·瓦德基对此的解释是，抹香鲸是以哺食深海区的章鱼、乌贼为生的，是包括其他鲸类在内的一切海栖哺乳动物中的"潜水冠军"。虽然它有一个巨大的肺部和储藏空气的巨大腔腔，但这不足以使它

在长时间潜水后迅速升浮到海面，而它额部多余的巨大脂肪体却起到了浮力调节器的作用，为它深海潜捕赢得了时间。

但是法国学者R·布斯涅尔不同意上述观点。他认为抹香鲸巨大的额部脂肪体实际上是起回声探测器的作用。它之所以能在深海区昼夜捕食，就是因为具有优于其他鲸类的声呐系中的接收功能，它额部的脂肪体就像声学中的透镜体一样，将复杂的回声折射成灵敏的探测声，以便正确地分析、探测猎物的方向及数量。

以上两种解释都基于推测，由于缺少足够的证据，目前还很难判断

哪种更接近于真实，抑或二者都不是合理的解释。那准确的答案还在冥冥中。

另外，抹香鲸那神秘的"吻"，也是令人困惑的谜。在三年的考察中，瓦德汉等学者多次发现，雌、雄抹香鲸的嘴部相互接吻，成年抹香鲸的嘴部也常接触幼鲸，它们是和人类一样以此表达爱意吗？那么，为什么成年抹香鲸在海面相互振动嘴部之后，就意味着开始一场争斗呢？而争斗的结果又往往在双方的下颚部留下牙齿咬的平行伤痕。对此还没有人做出过合理的解释。

再有，抹香鲸以何种方式摄食也是人们长期探索而至今未决的问题。有人认为抹香鲸属齿鲸，当然用牙齿撕咬猎物，然而在瓦德汉等学者的三年考察中，多次发现，即使牙齿严重磨损，甚至完全脱落的抹香鲸，依然能捕获、吞食大量乌贼。

于是又有人提出抹香鲸捕食既不依赖牙齿，也不靠它巨大的体型，而是在捕食前大吼一声，把猎物吓昏，然后食之。然而经考察，鲸类并没有声带，它们的声音又是怎样发出来的呢？有人说是额部共振产生的，但又不能确认。所以这也是一个未解之谜。

摩西豹鳎之谜

鲨鱼是鱼类中的"巨人"，也是海上"魔王"。它能一下子吞掉几十条小鱼，还能咬死和吃掉身躯庞大的大鱼，连鲸这类庞然大物也不例外。你可知无恶不作的鲨鱼也有天然的"克星"？

传说当年摩西把红海海水分开，让以色列人逃脱埃及人的追赶，恰巧有一条小鱼正在当中，给分成了两半，变为两条比目鱼，这就是生活在红海北部亚喀巴湾的摩西豹鳎。这种身体扁平的鱼像豹子一样身上布满了斑点，一般情况下它们总是悠闲地躺在海底。一旦受到威胁，它们就会分泌出一种致命的乳白色毒液，名为"帕特辛"，毒液的效果可以维持28小时以上。科学家发现，这种毒液即使稀释5000倍，也足以使软体动物、海胆和小鱼在几分钟内死亡。美国生物学家曾把一条摩西豹鳎放进养有两

条长鳍真鲨的水池中，鲨鱼立即猛冲过去张开血盆大口去咬豹鳎，突然，它使劲地摇着头，扭动着身体，样子痛苦万分。原来鲨鱼的咬合肌被豹鳎分泌的乳白色毒液麻痹了，此时竟无法闭嘴。鲨鱼的探测器官十分灵敏，海洋中极微量的毒液它也能探测出来，所以再贪婪无比的鲨鱼，对这种红海鱼也只能望而却步。目前，生物化学家正致力于人工合成这种防鲨的毒液，一旦获得成功，凶恶的鲨鱼就只能"望人兴叹"了。

奇妙的是，深海底还有一种巨大的动物，吞食鲨鱼可谓易如反掌，是鲨鱼望而生畏的另一种"克星"。那是1953年夏季的一天，澳大利亚潜水员琼斯潜入近海水域，去测试一种潜水服的性能。当他潜入大海深处时，发现一条漆黑的大海沟，便停止下潜。不久，一条足有四五米长的

大鲨鱼发现了他，在离他5米左右的地方游动。就在这时，从黑暗的海沟里钻出来一个灰黑色的大圆形动物。琼斯借助潜水灯光看清，那是一个庞大的扁体怪物，似乎没有手足，也没有眼和嘴，就像一块光滑的木板摇摇晃晃地从海底浮了上来。这个怪物大得出奇，比世界上最大的蓝鲸还要大得多。素有"海中恶魔"之称的大鲨鱼一见到它就立刻吓呆了。停在水中一动也不敢动，似乎全身都变得麻木了。那大怪物游近鲨鱼旁边只轻轻一蹭，鲨鱼立时抽搐起来，完全失去了抵抗能力，随即被那个巨大动物一口吞了下去。吞掉鲨鱼后，大怪物若无其事地摇晃着肥大的身躯，又沉入到深海去了。科学家们闻讯后多方考察，但一无所获，这个吞食鲨鱼的深海怪物究竟是何种动物，到现在还是一个谜。

海中巨蟒之谜

1851年1月13日，美国一艘叫"莫侬伽海拉"号的捕鲸船在南太平洋马克萨斯群岛附近海面航行。突然，桅杆上的水手惊呼起来，说发现了海怪。这是海中巨蟒：身长30多米，脖子粗5米多，身体最粗的地方，直径达15米。头呈扁平状，有皱褶，尾巴尖尖的。背部呈黑色，腹部

呈暗褐色，中央一条长长细细的白花纹。

船长希巴里带领船员乘3艘小艇，与巨蟒展开惊心动魄的海中大战，最后，终于用长矛把巨蟒刺死。他们把海蟒的头割下来，撒上盐榨油，竟然榨出10桶透明油。

非常遗憾的是，"莫侬伽海拉"号在返航时遇难，关于巨蟒的说法，只是生还海员的口头叙述，而缺少实物证明。迄今为止，在世界上有好几千人目睹过巨型的海怪，人们叫它为海蟒。大多数目击者都形容它像大蟒蛇那样，头高高地翘出海面，身上长着鬃毛，头上长着一对闪闪发光的巨眼。

1959年的一天，两个美国人驾驶着木帆船在海面上行驶时，发现海面上出现了一个又黑又长的身躯，向木帆船游来。他们惊恐地盯着这越来越靠近的东西，发现它身体很长，形状十分可怕。头颇像蛇头，露出海面约70厘米；两只眼睛很大，闪着寒光；头上没有嗅觉器官；嘴很大，呈现出血红色，好像是一条大沟，把头劈成了两半，真是血盆大口。他俩赶快掉转船头逃跑了。

在加拿大海岸附近水域，也生活着一些海蟒，经常耀武扬威地在海面上游荡。

到现在为止，世界各地仍然不断传来目睹"海怪"的消息，但是，不管是海洋生物学家，还是其他探险者，不是对此消息迷惑不解，就是不置可否，谜底始终没有被揭开。

海洋巨鲨之谜

墨西哥人吉姆·杰弗里斯是一名潜水员，考察海洋生物是他的一种特别爱好。他听说加利弗尼亚半岛有一片沙漠地区，在1000万～2000万年前曾经淹没在大海底下，于是便动身前去考察，希望能在这片古海遗址上找到一些海洋古生物的化石。

他来到加利弗尼亚半岛顶端的卡布·圣卢卡斯，在向导的带领下进入沙漠地区。他们在燥热的空气和飞扬的沙尘中步行了18千米。吉姆·杰弗里斯又渴又累，正想休息一会儿，突然发现前面不到3米的地方有个光滑的东西突出在沙地上。吉姆·杰弗里斯赶紧跑过去，开始用手挖掘，随着沙土被清理掉，渐渐地露出了一颗牙。这时，一种兴奋的心情代替了疲劳，"我发现了一颗巨大的牙齿，它可能是史前巨鲨的牙齿，有14厘米长。简直漂亮极了！"吉姆·杰弗里斯高兴地喊了起来。

后来，吉姆·杰弗里斯又多次到这块古海遗址考察，在不到260平方千米的区域内，发现了30多种鲨鱼的牙齿，还有鲸骨和其他海洋哺乳动物的化石，并写了大量的考察笔记。

吉姆·杰弗里斯与有关专家密切协作，进行研究巨鲨的工作。巨鲨是所有生存过的鲨鱼中最大的一种。它生活在距今1000万～2000万年前，现在已经灭绝了。除了吉姆·杰弗里斯发现的这颗14厘米长的牙齿外，人们还发现过许多颗巨鲨的牙齿，有的竟长达17厘米。由于人们不曾发现这种古老鲨鱼的完整骨架或部分的骨骼化石，只有牙齿是证明巨鲨曾经存在过的唯一证据。因此，巨鲨有多大？它们的生活习性如何？仍然是个谜。

但是，人们认为，巨鲨是大白鲨的近亲，研究大白鲨就可以在一定程度上了解巨鲨的一些情况。由于人们对大白鲨也有许多未解之谜，这就给揭示巨鲨之谜带来了更大的困难。

自从发现了那颗巨鲨牙齿以后，吉姆·杰弗里斯便为研究大白鲨而耗费了全部心血。他了解到完全长成的大白鲨可以有76米长。20世纪40年代中期，在古巴附近海域捕获的一条大白鲨长64米，重达3300千克。大白鲨与巨鲨之间可以进行实物比较的只有牙齿。大白鲨的牙齿仅长5～7厘米多一点，而巨鲨的牙齿长度可达到17厘米。科学家们据此进行推算，认为巨鲨的身长可能将近17米，比大白鲨要长10多米。这真是一种非常可怕的肉食性的巨大的海洋动物！

然而，巨鲨与大白鲨牙齿大小的比例，并不能等于它们身长的比例，因此这一推算是否可信还很难说。但目前人们对巨鲨的了解也仅是这么多。吉姆·杰弗里斯在一篇介绍巨鲨牙齿发现情况的文章中写道："我想，大家都在默默地盼望着那么一天，能够发现一把解开这些巨鲨之谜的钥匙。"

海洋巨鳗之谜

100多年来，世界上一直流传着关于海洋中巨鳗的奇异见闻，这些见闻成了费解的海洋之谜。

1848年，英国巡洋舰"得达拉斯"号的舰长和水兵，在离南非好望角不远的海面上见到了一条极大的似鳗鱼的大鱼。它露出海面的部分约有18米长。舰长在望远镜里一直观察了20分钟，直到它消失。这件事后来经过英国海军部仔细查询无误，并且记录在案，成为当时广为传播的海上奇闻之一。

事过一个月后，美国帆船"达纳普"号在同一海域又遇见了这种大鳗鱼。它的眼睛闪闪发光，身体长约30米，离船只有50米，可以看得很清楚。船长担心受到它的攻击，命令炮手向它开火，但它以极快的速度扎入水中逃走了。

1930年的一天早晨，一艘名叫"丹纳"号的海洋研究船在南非海岸外航行。船上一位丹麦籍青年从海中捞上来一网鱼虾。打开网，一圈长长的似蛇一样的东西引起了海洋学家布隆的注意。他将那似蛇的东西捡起来，测量了一下，有18米长。他又进一步观察它的特征和头骨的构造，发现这是一条鳗鱼幼体。普通的鳗鱼有104节脊椎骨，海鳗为150节，而这条奇特的幼鳗竟有405节脊椎骨！在已知的海鳗种类中，最大的体长约4.9米，而幼体只有7～12厘米长。如果以此来推算"丹纳"号上捕获的那条幼鳗，它长成后就可能长达55米！

令人遗憾的是，人类至今未能捕捉到这种巨鳗的成体。有关它们的秘密，仍隐藏海洋之中。

海豚大脑轮休之谜

海豚不仅具有聪明的脑子，还天生就是游泳健将。它可以和海船比速度、比耐力，能够一连许多小时，甚至好多天地跟着海船游。据估计，海豚的游速一般可以达到每小时40～50千米，有时甚至可达每小时75千米。

这个速度超过了轮船，大概与陆地上的普通火车差不多了。

那么海豚为什么能够连着几天不休息地游泳呢？它不需要睡觉吗？确实没有人见过海豚在睡觉，他们总是不停地在游动。然而只要是动物就需要睡眠。研究发现，海豚的睡觉方式与众不同，非常奇特，它采取的是"轮休制"。海豚在需要睡眠的时候，大脑的两个半球处于明显的不同状态，一个大脑半球睡眠时，另一大球半球却是清醒的。每隔十几分钟，两个半球的状态轮换一次，很有规律性。海豚的两个大脑半球是轮流交替着休息和工作的，因而它的身体始终能有意识地运动。有人曾给海豚注射一种大脑麻醉剂，看它能否安静下来，完全睡着。谁知这只海豚从此一睡不醒，丧失了生命。看来海豚是不能像人或其他动物那样静态地睡着的。

为什么海豚的大脑独具这种轮休的功能呢？这个谜直到现在还未解开。

海上救生员之谜

　　海豚是人类的好朋友，被人们称为见义勇为的海上救生员。海豚救人的事件自古以来就有很多传说。近几十年来，有关海豚驱逐鲨鱼、救助海上遇难者的报道，绝不是虚构的，而是非常真实的。

　　1992年，一艘印尼货轮正在大西洋海面航行，有两名海员不小心掉入海中。这时，一群海豚赶来，它们围成一个圆圈，把落水的一人托出水面，直到被救起为止。另一名船员在水中挣扎时，突然感到腰间被撞了一下，原来也是一只海豚，这只海豚一直陪伴着他，与他并肩游泳，一直游

到船边。

海豚救人于死难,这种行为该怎样解释呢?

迷信的人把海豚看作神灵,说它们救人的行为是受神的意志指点的,而有的人认为海豚是一种有着高尚道德品质的动物,海豚救人的美德,来源于海豚对子女的"照料天性"。

难道海豚具有高度的思维能力?看来,这个谜的解开还有待于人们对海豚作进一步的认真研究。 黑海东部的著名休养胜地——帕茨密,前几年曾因出现了一头奇特的海豚而声名大振。数以千计的好奇者专程从四面八方赶到那里,以一睹这头海豚的风采为快。当地旅游业的老板因此而发了一笔大财。

这头硕大的海豚,每天上午9点左右开始在海滨露面。它首先习惯地翘起尾巴,好像是向站在岸上的观众和在海中游泳的人们致意。然后,它大大方方地接近游泳的人群,亲昵地挤在人们身旁戏耍。它时而驯服地让小孩子骑在自己背上玩耍,时而同年轻人在水中捉迷藏。这头可爱的海豚使得人们流连忘返。

"这是一头经过训练、特意放出来为游人助兴的海豚吗?"人们经常这样发问。水族馆人员的回答是否定的。他们说,经过训练的海豚只有得

到了报酬，也就是赏以食饵以后才肯表演，而这头海豚却完全是心甘情愿地为人"义务服务"，它并没有得到任何食饵。人们还是不解，难道这头海豚有着天生的眷恋人类的性格？

后来，一位渔轮上的水手讲出了实情。他说，这头海豚曾被他们渔轮的螺旋桨击伤，水手们将它救到船上，给它作了精心治疗以后，又把它放回大海。从此以后，这头海豚便一直追随他们的渔轮，难舍难分。当它随这艘渔轮来到帕茨密后，似乎同救命恩人的感情日益加深，因而进一步向人们表示好感。

看来，这头海豚是为了报答救命之恩才同人类亲近的。

对这位水手的说明，人们将信将疑。有的人认为海豚这种动物很"聪明"，智力发达，它们能够同人类产生感情，懂得报救命之恩。但也有人认为海豚毕竟是一种动物，不会有什么思想感情，更不会懂得报救命之恩，那头海豚是把人们当做了它的同类，是表现了同类之间友好相处的一种本能。究竟谁是谁非，至今仍是未解之谜。

海豚护航之谜

苏联的研究人员阐明了许多有关海豚"语言"的规律性。他们在同海豚的交往中，非常注意研究海豚"语言"的差异性和复杂性。通过绘制海豚"语言"分析图，可以清楚地知道，海豚之间的交往活动在方式上与人类近似，海豚似乎也具有说话能力。

科学家们试图揭开海豚"语言"的密码，但还没有取得成功。目前，一些研究人员仍在不懈地进行探索，以期早日解开这个谜。

乘坐远洋轮船的旅客，常常可以看到许多海豚在航行的轮船周围游来游去，长时间地随轮船一道行进，好像是在跟轮船"赛跑"，又像是为轮船"护航"。

海豚为什么要这样做呢？这仍然是一个未解之谜，因为海洋生物学家们还没有对这一有趣的现象进行过考察和研究，更没有作出什么科学的结论。但是，也有一些海洋生物学家出于对海豚习性的了解，对这一现象提出了一些推测性的解释。他们认为，海豚所以要这样做，有三条理由：

一条理由是海豚是一种好奇的动物，对水中所有不常见的和较大的物体，不管是游泳者还是船只，都有着极大的兴趣。因此，人们经常可以看到海豚从水面抬起头来，观察周围所发生的情况。遇到了一条大船，它们当然也就跟着凑个热闹和看个究竟了。

另一条理由是为了舒适。轮船在大海航行的时候，船后的海水产生了"伴流"，可以带着海豚前进，游起来省劲、舒适，因而海豚经常跟在航行轮船的后面游乐。

还有一条非常重要的理由，是大量的食物在吸引着海豚。船上乘客们吃剩的东西，倒在海里，海豚可以捡着吃。另外，航行的轮船会招来众多的小鱼和其他生物，它们也是为了游泳省劲和捡食残羹剩饭而来随船航行的，这些小鱼和其他生物正好可供海豚饱餐一顿。

当然，除了这三条理由以外，还可以找出更多的理由，但都只不过是推测而已。海豚随船"护航"的原因，仍是有待揭示的谜。

海豹干尸之谜

在奇妙的自然界这一巨大的博物馆里，有许许多多动物的干尸，海豹的干尸就是其中之一。

海豹的干尸是在著名的海豹之乡——南极洲发现的。科学家们在那里考察时，发现平均每平方千米竟能见到144头各种海豹，整个南极洲的海豹总数估计有5000万～7000万头。所以能在那里见到众多的海豹干尸也是很自然的事了。

然而，令人奇怪的是，众多的海豹干尸不是发掘于海滩中，而是发现在远离海岸大约60千米的峡谷里。

更令人迷惑不解的是，在好几种海豹中，变成干尸的却只有食蟹海豹和威德尔海豹两种，难道是因为它们在此处数量上占绝对优势的缘故吗？抑或还有什么别的原因。考察人员还发现，形成干尸的海豹多数只有1米

左右，属于幼年海豹，而成年海豹的数量极少，这又是为什么呢？

海豹的干尸如同人的干尸一样，身体形状完整无缺，没有任何腐烂。于是海豹的干尸成因就成为科学工作者最为感兴趣的一个谜，他们进行了仔细的研究和探索，得出了以下三种不同的结论：

"古海论"：认为远古时代，这些峡谷地区曾是一片海洋，后来由于海面降低，海水退落的时候，这些幼年海豹因未能随着水落逃走，才形成干尸的。然而地理学家却不同意此说，因为他们在这些地区没有发现有古海区地形的遗迹。

"海啸论"：持这一论点的学者提出，在几百或几千年以前，这些地区曾经发生过大海啸，那些幼小的海豹因体重轻，力气小，才被大海波涛

抛进了山谷，慢慢地形成了干尸。

"迷向论"：持这种观点的科学家认为，海豹具有爬到岩石上晒太阳的习性，这些海豹是在爬上岸晒太阳时，迷失了方向，才进入山谷深处而死在那里的。

以上三种观点还仅仅是一种推论，缺少足够的证据，究竟实际情况如何，还有待于进一步探索。

另外，关于海豹干尸形成的确切年代，至今也没能够加以断定。科学家们用碳－14进行了测定，发现它们已经存在了1210年左右，但是当科学家对同种海豹，用同样的年代测定方法进行测定时，也出现了几百年的数值，孰是孰非，还难以断定，望后续的有识之士能尽快揭开这个谜。

活化石海豆芽之谜

当海水退潮,在海边沙滩上经常能找到一种形似黄豆芽的小动物,它就是大名鼎鼎的"活化石"——舌形贝。它是世界上现存生物中最长寿的一个属,至今已有4.5亿年的历史了。

舌形贝体形奇特,上部是椭圆形的贝体,像一颗黄豆,下部是一根可以伸缩的、半透明的肉茎,宛若一根刚长出来的豆芽,所以舌形贝又有"海豆芽"的俗称。

海豆芽有双壳,但却不属于贝类,而被归入腕足类。它的肉茎粗大,能在海底钻孔穴居,肉茎还能在孔穴内自由伸缩。海豆芽大多生活在温带和热带海域,一般水深不超过20~30米。它们赖以栖身的潮间带,是一个波涌浪大、环境变化剧烈、海生物众多的世界,区区海豆芽能跻身于此,是和它们特有的生活方式分不开的。

海豆芽主要栖生在海底,它们一生中绝大部分时间都在洞穴中隐居,仅靠外套膜上方的三根管子与外界接触:呼吸空气,摄取食物。它们非常胆小,只在万无一失时,才小心翼翼地探出头来,一有风吹草动,便十分敏捷地躲进洞中,紧闭双壳,一动不动。海豆芽在不会移动而又无坚固外壳保护的情况下,运用这种穴居方式保存自己,无疑是它们在生存竞争中的一个成功。

世界生物学界普遍认为,一个物种从起源到灭绝,平均生存不到300万年;一个属从起源到灭绝,平均生存800万~8000万年。可是海豆芽却生存了4.5亿年!在地球的沧桑之变中,许多庞大而强悍的动物都灭绝了，而小小的海豆芽却生存至今。这种情况在生物史上是极为罕见的。是什么原因造就了生物界这位"老寿星"？除了它的独特的生活方式外，在生理生化方面它们有什么特殊性？至今还是一个谜。

生物界有一个最基本的进化规律，即任何物种都是由其祖型物种，从低级到高级，从简单到复杂演化而来。而海豆芽又是一个例外。它们的形体及生活方式在漫长的历史中，居然没有发生什么显著的变化。因此，近几十年来，欧美一些学者提出，海豆芽显然是违反了进化原则，使这个原则成了问题，向达尔文进化论提出了挑战。目前有一点可以肯定：海豆芽的体形与大小在4.5亿年中基本上没有变化。为什么会这样？这又是一个难解的谜。

大多数动物的形体，在进化过程中总是由小变大，大到一定程度后，不能适应变化了的环境，于是渐渐灭亡。而海豆芽经历了4.5亿年，一直是那么小，没有变大，这是否也是它们长寿的原因之一呢？由于海豆芽4.5亿年没有变大之谜未能揭开，这个问题也就无法回答了。

冰藻防护紫外线之谜

自1986年以来，南极上空出现了臭氧洞。为此，世界各国都加强了对臭氧洞的研究。其中一个重要的课题，是研究臭氧洞的紫外线给南极海洋的穿透能力及其对海洋生物的影响：人们知道，强烈的紫外线对地面生物具有明显的杀伤力。在医院和实验室里，人们用紫外灯消毒，以杀死病菌，就是这个道理。在阳光下暴晒，人的皮肤会变黑，也是这个道理。不过，从阳光来的紫外线通常是比较弱的，不像有臭氧洞那样强烈，否则会产生严重的后果。强烈的紫外线会使人得皮肤癌，这已是不言而喻的事实。紫外线对海洋生物的影响也是非常大的。

实验结果表明，南极臭氧洞能使海洋浮游植物的生产力降低4倍。强烈的紫外光还会影响生物细胞的结构和细胞内的遗传物质，使染色体、脱氧核糖核酸和核糖核酸发生畸变，从而导致植物的遗传病和产生突变体。

令人感兴趣的是，生活在南极海域中的冰藻，却对紫外光有着明显的"自卫"能力，并能对其他海洋生物起"屏蔽"保护作用。

冰藻是栖居于海冰中的一大类海洋浮游植物，主要为硅藻，分布在海冰的底层或中间层。它以独特的生活方式，顽强地生长繁殖，在南极海洋生态系中占有重要地位。然而，冰藻对紫外光的吸收和"屏蔽"作用，过去无人知晓。芬兰科学家首次发现了冰藻对紫外线辐射的"自卫"能力。研究结果表明，冰藻的吸收光谱与一般浮游植物不同，冰藻在波长330纳米处的紫外光吸收峰比一般浮游植物高，冰藻还能吸收波长270纳米的紫外光。这两种波长的紫外光正是臭氧洞中透过的紫外线的波长范围之一。冰藻的这种特异功能十分重要，不但能"自卫"，而且能起"屏蔽"作用，使紫外光不能穿透海冰，从而保护了冰下海水中的海洋生物。

冰藻"自卫"功能的机理涉及防紫外线的酶类，可能是氧化酶和催化酶类。其确切机制，有待揭示。

令人奇怪的是，冰藻也是海洋浮游植物，它只不过是在海冰中生活了一段时间而已，它能有这种防护紫外线的"自卫"能力，而海水中的一般浮游植物却没有这种能力，这是什么缘故？是否冰藻的生理生化功能发生了深刻的变化？总之，这是一个待解之谜。

海底人之谜

海底有"人"吗？当代有些科学家认为，在海洋深处的某些地方可能生活着一些智力高度发达的生命体——"海底人"。

近几十年来，地球各大洋水域都曾出现过不明潜水物，它们为"海底人"的假想提供了识秘的线索。

最早发现不明潜水物是在1902年。一艘英国货船在非洲西岸的几内亚海域发现了一个巨大的浮动怪物，外形很像一艘宇宙飞船，直径10米，长70米。当船员们试图靠近它时，这一怪物竟不声不响地沉入水下销声匿迹了。

1963年，在波多黎各岛东南部的海水下发现了一个不明潜水物，美国海军先后派了一艘驱逐舰和一艘潜水艇追赶此物，他们在百慕大三角区追赶了500海里，美国其他13个海军机构也看到了这个怪物。人们发现，这个怪物只有一个螺旋桨。他们前后一共追赶了4天，仍未追到。有时候，它能钻到水下8000米深处，看来它不像是地球人制造的一种新式武器。

北大西洋公约组织于1973年在大西洋上举行联合军事演习时，有艘主力舰发现了不明潜水物。当时，这个半浮海面的巨大物体，被舰队指挥官当成是不明国籍的间谍潜艇，于是一声令下，炮弹、鱼雷纷纷向它飞来。但不明潜水物毫无损伤，当它悄悄地下潜海底时，整个舰队的所有无线电通信设备统统失灵。直到10分钟后那个不明潜水物完全匿迹时，舰队的无线电通信联系才恢复正常。

1973年4月，一个名叫丹·德尔莫尼奥的船长，在百慕大三角区附近的斯特里姆湾的明澈的海水里，看到

了一个形如两头圆粗的大雪茄烟似的怪物，它长约40～60米，行速60～70海里。它两次都是在下午4点左右出现在比未尼岛北部和迈阿密之间，并且都是在风平浪静的时刻。这位船长非常害怕船与它相撞，竭力想躲开，可是往往是它先主动地消失在船体的龙骨下。

1959年2月，在波兰的格丁尼亚港发生了一件怪事。在这里执行任务的一些人，忽然发现海边有一个人。他疲惫不堪，拖着沉重的步履在沙滩上挪动。人们立即把他送进格丁尼亚大学的医院内。他穿着一件"制服"般的东西，脸部和头发好像被火燎过。医生把他单独安排在一个病房内，进行检查。人们立即发现很难解开此病人的衣服，因为它不是用一般呢子、棉布之类东西缝制的，而是用金属做的。衣服上没有开口处，非得用特殊工具，使大劲才能切开。体检的结果，使医生大吃一惊：此人的手指和脚趾数都与众不同；此外，他的血液循环系统和器官也极不平常。正当人们要作进一步研究时，他忽然神秘地失踪了。在此以前，他一直活在那个医院内。

这是一个什么人？他来自何方？

有的科学家认为，是外来文明匿身于海底，因为那种超级潜水物体所显示的异乎寻常的能力，实在是地球人所不可企及的。海洋是地球的命脉，因此存在于地球本土之外的某些文明力量关注于我们人类的海洋是必然的。超级潜水物也许已经拥有它们的海底基地；至于它们的活动当然不是为了和地球人搞"捉迷藏"游戏。海洋便利于隐藏或者说潜伏，这固然是事实；但更主要的，海洋能够提供生态情报，这已经足够了。如果说未来的某个时候发现了并不属于地球人的海底活动场所，那么这该是不足为奇的事情了。因为人们毕竟早已猜测到了外来文明力量存在于地球水域中的事实。

也有的研究者认为：不明潜水物的主人来自地球，不过他们生活在水下，甚至生活在地下。

据说，1968年1月，美国TC石油公司的勘探队在土耳其西部270米的地下，发现了深邃的穴道。穴道高约4～5米，洞壁非常光滑，如人工打磨一般。穴道向前不知延伸至何处，左右又连接着无数的穴道，宛如一个地下迷宫。在其中一处，有一个身高4米的白色巨人，忽然无声无息地出现在勘探队员面前。巨人在手电光下闪闪发亮，并发出雷鸣般的吼声，其声浪竟然掀倒了所有的勘测队员。如果此事确凿，那巨人当是生活在地下的高级生物了。

也许在地下果真有一个为我们所不知道的世界……

海怪之谜

没有人见过海怪，但有关海怪的耸人听闻的报道却不时出现在报纸杂志上，偶尔还附有插图。这种神秘的生物似乎不喜欢让人拍照，所以它的照片总是模糊不清的。

海上怪物的传说在报刊上时有登载。早在19世纪末，法国探险家凯埃尔就曾报导过。

"1897年6月，'阿法拉什'号炮舰在阿洛海湾遇上二条大蛇，蛇长20米，粗2～3米，炮舰驶到600米处开炮，大蛇钻入水中。1899年2月15日，该舰在同一地点又遇上这两条大蛇，炮舰向蛇全速冲去，在距离300米处开炮，未击中，其中钻进水中的一条蛇反而从舰尾钻出，可以想象船上人员当时的惊恐状况。九天后，同舰又遇上这两条大蛇，又一次落空。"

荷兰学者奥德曼萨一直收集海上怪物的材料，据他统计，大海蛇最早出现于1522年，在以后的300年中，平均每十年就被人遇上一次。1802年，出现过28次。在1802～1890年间，海上怪物共出现了134次。尽管出现的次数不少，但没有人能拍下一张照片。

怪物历来拒绝摆开架势让人拍照，那就只能根据瞬息间的观察（而且往往不是目击者本人的观察资料）来描述其外形了。例如1926年某天夜里，马达加斯加海岸附近发现过海怪。法国学者让·普蒂在他所著的《马达加斯加的渔业》一书里提到过此事，说海怪发出明亮而游移不定的光，时明时暗。这种可同海上探照灯相比的光，似乎是由沿着自体轴心旋转的身体发射的。据当地居民说，这种动物很少出现。它长20～25米，躯干宽而平（这就是说，此处指的已不是蛇），全身披着一层坚硬的板状甲壳。尾巴像虾尾，嘴长在腹部。怪物露出海面时，头部发光并喷射火焰。有无前后肢的问题，当地居民的看法并不一致：一部分人断定"海怪"无脚，另一部人则认为有，说它的脚像鲸的鳍脚一样。

20世纪30年代至50年代之间，美国俄勒冈州的海面，常有很大的海怪出现，人们称它为"劳克德"。机帆船"阿戈"号上的船长比尔是目击者之一，他所见到的"劳克德"头像骆驼，皮毛粗糙，外表呈灰色，眼神呆滞，鼻子长而弯曲，用灵巧的鼻子将"阿戈"号船已捕捉住的大比目鱼，从水下的鱼钩上取去，并像大象一样把偷来的大比目鱼送入口中，然后津津有味地吞下去，摇摇尾巴扬长而去。

1951年，一名叫作哈德·迈克逊的渔民在加拿大不列颠哥伦比亚省的赫里奥特湾捕鱼。当他正准备向海里撒网时，突然发现离他的渔船50米远处，有一头长约12米的灰色怪物露出海面。它整个背长满长长的刺鳍，样子极为怪异。据这位目击渔民回忆说，当这头怪物发现前面有人时，立即掉转头去，它的游速极快，转眼间便游过了海湾。

1961年，在美国华盛顿州邓奇纳斯岬，一位名叫赫特兰的建筑工程师带着家人在海滨散步，他们看到一头怪物，身体呈棕色，并布满耀眼的橙色状花纹，脖子粗，身上有三个驼峰和飘动的长鬃。

18世纪初，有一艘150吨的大型帆船"贝尔"号为躲避风暴，开进了印度旁遮普湾。后来，它忽然失踪了，不知去向。港口当局立即派人进行调查。

此后，收到"斯特拉纳温"号船

长的报告。报告说，在失踪的这天，"贝尔"号帆船曾在"斯特拉纳温"号船附近抛锚。这天傍晚，"斯特拉纳温"号船员们发现，海面上突然出现一头巨大的海怪，伸出又粗又长的腕足，紧紧地缠住"贝尔"号帆船。此后，船翻了，沉入海底，船员全部丧生。可是没有发现他们的尸体，估计是被这头海怪给吞食了。

后来，在世界其他的一些海区，也发生过类似的事件。海怪不仅袭击小型船只，而且也袭击大型船只。这些海怪一般身躯庞大，颇像一座小山，样子有些像鲸鱼，但是长着许多腕足和触角，腕足很软，很长，但是很有力量。

目前，在世界各大洋深处，确实生活着一种巨型章鱼，但它似乎还不具备"海怪"的威力。海洋对于人类来说，还有待于进一步的认识，因此，揭开海怪之谜还需要时间。

但海怪则是无人可以保护的。因此其数量每种至少应有几千条。它们既然是蛇，是蛇颈龙，是其他爬行类动物或大海豹，那它们就必然要周期性地浮出水面来呼吸。可是为何如此罕见？它们死后尸体到哪里去了？为什么直到如今，大海从未显露出一具这类动物的骸骨？

鲸群撞沉帆船之谜

英国人戴维·塞林斯有着多年的航海经历。他曾两次单人驾驶帆船横渡大西洋。1988年6月11日，塞林斯驾驶着"海卡普"号帆船，在波涛汹涌的大西洋海面上行进。他决心在这场六天前开始的"卡尔斯堡单人帆船越洋大赛"中获胜。他已驶离英国700海里。他调整好自动舵，以便准确地驶往2300海里外的美国罗得岛的比赛终点。

下午5时左右，塞林斯在右舷9米处以外看到了一群鲸，约有十多条。这天晚上，他感觉到这群鲸仍在帆船附近活动。

第二天，海上风平浪静，但鲸群掀起的涌浪使帆船剧烈摇摆，而且鲸的数量也增多了。夜晚，一阵杂乱的声音惊醒了塞林斯。他爬上甲板，只见一条鲸在离帆船二三米的海面上上

下翻滚，溅起阵阵浪花。另外的五六条鲸也围着帆船转圈子，它们先是越聚越紧，然后又突然散开，过了好久才离去。

6月13日上午10时，在距帆船46米处，鲸群又在活动。站在甲板上可以清楚地看到鲸群那一个个发亮的巨大身躯。它们在海面上翻滚，时而下沉，时而上浮，呼呼地向天空喷着水花。塞林斯拿起照相机，拍摄这个奇异的场面。忽然，鲸群向帆船围拢过来，越围越紧。塞林斯放下手中的照相机，紧张地注视着它们。这时，一条约8米长的鲸突然冲出鲸群，猛地向船尾撞来，紧接着，另一条鲸也撞了过来。帆船被撞得猛烈地抖动着，船尾1米长的船舵被撞断，船尾下部被撞碎，"海卡普"号开始下沉。塞林斯马上下到船舱，穿好救生衣，打

开无线电话，发出了遇险信号。

"咚，咚！"船首又发出几次巨大的撞击声，小船朝一侧猛地倾斜，桅杆前部舱底被撞开一个大洞，海水涌进船舱。塞林斯将充气救生筏抛出船外，随着跳进大海。救生筏充气张开了，他爬了上去，回头一看，"海卡普"号已消失在滚滚波涛之中。此时，鲸群也开始散去。塞林斯坐在救生筏上，呆呆地望着海面，他简直不敢相信眼前所发生的一切。晚上7时50分，在附近航行的德国货船"布里奇沃特"号将塞林斯营救上船，一场使他终身难忘的噩梦终于结束了。

事后，科学家们对这次鲸群攻击帆船事件进行了分析和推测。有的人说，塞林斯无意中驶进了鲸的繁殖区，鲸攻击帆船是为了保护它们的幼仔。英国剑桥大学海洋哺乳动物研究所高级研究员安东尼·马丁认为，可能是一群凶残的逆戟鲸，袭击正在帆船周围避难的性情温柔、身体较小的巨头鲸，从而造成了这次海难事件。学者们的说法不一，鲸群为什么要撞沉"海卡普"号帆船，仍然是一个未解之谜。

大王乌贼之谜

大王乌贼是一种巨大的头足类动物，也是自然界中最大的无脊椎动物。可是，在100多年前，人们并不知道大海中生活着这种动物，只是在古老的传说中听到过大海妖（很可能就是大王乌贼）的故事。

1873年的一天，加拿大纽芬兰岛上三个出海捕鲱鱼的渔民(两个大人和一个12岁的男孩)发现海面上有一个灰蒙蒙的庞然大物。出于好奇，他们把小船划了过去，一个渔民用船篙敲打着那个灰东西，不料那庞然大物立即喷出水花，抬起头来，一双和盘子一样大的眼睛直瞪

瞪地盯着三个渔民，它那几只长长的触手伸展开来，露出一个鹦鹉状的大嘴，咔嚓一声，小船的船帮被它狠狠地咬住了，与此同时，两只又长又白的触手拍打过来，把小船紧紧缠住，慢慢地往水下拖。这时，小船上的两个渔民都吓得瘫痪了，而那个小渔民汤姆·皮克托却很镇定，他抄起一把利斧向触手砍去，两只触手很快被砍断了。受了伤的庞然大物向空中喷出了大量墨汁状物质，然后逃掉了。留在小船中的两只被砍下来的触手，仍在不停地扭动。渔民们从恐怖中惊醒过来，发疯一般地把小船划回了岸边。

渔民们谁也说不清这是什么东西。聪明的汤姆·皮克托把两只断触手送给了纽芬兰岛上的牧师莫斯·海威。海威牧师看到皮克托的礼物以后，欣喜若狂，他知道，这是一个非常难得的标本，近6米长的长圆形触手上布满了吸盘。海威牧师是一位见多识广的博物学家，他根据渔民们的描述，估计这可能是一个乌贼的新种。海威牧师对这种乌贼发生了极大的兴趣，从此以后，他就格外地注意收集这种动物的标本了。

在19世纪70年代的最后几年，也就是纽芬兰岛三位渔民第一次发现大王乌贼以后几年，纽芬兰附近海域不时出现大王乌贼。海威牧师在此收集了不少标本，其中有一个几乎是完整的，它落到了渔民的渔网里，渔民们刺死了它。海威得到这个大王乌贼以后，马上把它浸到盐水里，并拍了照片。他知道自己的生物专业知识有限，于是将所有标本都送给了当时世界著名的生物学家、美国耶鲁大学教授维尔。维尔教授仔细地鉴定了海威的每一个标本，并给标本起了"大王乌贼"这个名字。从此，人类开始了对大王乌贼的研究。

但是，迄今为止，现代的生物学家对大王乌贼的研究并不比100多年前的维尔教授高明多少，大王乌贼的形状大小、分布和生活习性等仍是一个未解之谜，主要原因是大王乌贼行踪不定，数量很少，很难发现和捕捉到。首先，人们对大王乌贼到底能长到多大，谁也说不清。据记载，人们曾在一头抹香鲸的胃中取出一只大王乌贼，它从触角顶端到身体尾部足有20米长。另外，在新西兰海岸曾发现一只死大王乌贼，总长有17米，而除去触手身长只有2米多。据现在的一些生物界权威人士推测，大王乌贼最大的个体可能有21米长，两吨重。至于有的书中记载大王乌贼最重者可达30吨，这个数字也是推测出来的，无法加以证实。

100多年来，科学家们为寻找和捕捉大王乌贼费尽了苦心，做了多种尝试。他们曾在新西兰附近海中设置了一个很大的捕猎陷阱，但一无所获；著名的海洋学家阿尔文曾建议用潜水艇来寻找大王乌贼，这个计划也失败了。纽芬兰圣约翰大学的阿尔德雷斯教授，热心于对大王乌贼的研究，他计划捉一只活的大王乌贼，为此特制了一个大钓钩，并涂上了红色，因为当地渔民认为红颜色对大王乌贼有吸引力。当地渔民平时是决不用红色钓钩的，因为怕引来大王乌贼，给小渔船带来灾祸。可是，多少年过去了，阿尔德雷斯教授捕捉大王乌贼的计划一直未能取得成功。

有些科学家建议通过大王乌贼的死对头——抹香鲸的踪迹来寻找大王乌贼。他们设想在抹香鲸洄游路线上设置若干个浮标，浮标上装有灯光或诱惑物，以及定时的自动抛饵装置，以吸引抹香鲸，而抹香鲸的行迹又可能招引大王乌贼的靠近，浮标上还装有自动摄影装置，它可以拍摄大王乌贼的活动，甚至可以把大王乌贼和抹香鲸这两个自然界的巨大动物生死搏斗的场面记录下来。如果这一设想能够实现，将会大大有助于解开大王乌贼之谜。

海龟洄游之谜

海龟是一种大型的海洋爬行动物。远在2亿多年前，海龟的祖先就出现在地球上，和当时不可一世的恐龙一同经历了一个繁衍昌盛的时期。后来，地球几经沧桑之变，恐龙相继灭绝，海龟却凭借它那坚硬的甲壳和顽强的生命力保存了下来，成为今天珍贵的海洋动物。

海龟和陆地上的乌龟本是一家，最早也是生活在陆地上，后来才迁到大海里生活。下海以后，海龟的身体结构逐渐起了变化，脚变成鳍状，四肢像船桨，在海中游泳的速度很快，达32千米每小时；可下潜到水下20～30米，甚至可潜到50米深处。海龟用肺呼吸，因此每下潜十来分钟就要到海面换一次气。海龟的颈比较短，也不能像陆生龟那样把脖颈缩进龟壳里面去。海龟眼窝后面有一种腺体，能把体内较多的盐分排出。

海龟生活在热带、亚热带海洋里，以鱼、虾、蟹、贝、海藻为食。海龟虽然生活在海洋中，但仍保持着祖先传下来的在陆地上产卵孵化的习性。每年到了生殖季节，海龟漂洋过海，洄游数千千米，回到它们出生的故土。雌海龟爬到岸上，用后肢在沙滩上挖一个坑，把卵产到坑里。卵为白色，圆形，比乒乓球稍大一点。卵壳坚韧有弹性，不易破碎。海龟每次产卵50～200枚。产完卵，用后肢拨沙把卵埋住，把坑填平，然后回到海中。埋在沙坑里的卵借助太阳光的热量进行孵化，大约经过40～70天，小海龟破壳而出，拼命地钻出沙坑，朝着大海急急忙忙地爬去。小海龟在海洋里发育成长，到性成熟以后，又会循着一定的路线千里迢迢地返回故乡，产孵繁殖。

在茫茫大海中，海龟能够准确地

返回故乡，它们是怎样导航的呢？

为了回答这个问题，科学家们进行了长期研究。有些科学家从候鸟和鱼类洄游中获得启迪，认为海龟是利用不分昼夜始终保持恒定的地球磁场进行导航。他们为此制作了一些装置，用小海龟进行感知地磁能力的实验。

有些科学家认为，海龟是利用星空导航来识别回老家的道路的。他们在海龟身上装了发报机和天线，利用遥控技术进行研究。

还有一些科学家认为，海龟对极稀薄的有机化合物的气味特别敏感，它们的老家（如某个小海岛）也确实有一种与别处不同的气味。小海龟奔入海洋的时候，已经记住了小海岛的气味，它们就是靠气味来辨认方向，返回故乡的，他们也为此用绿海龟进行了试验。

但是，迄今为止，海龟这种有规律地定向游动的机制，仍然是一个没有解开的谜。海洋生物学家们仍在满怀信心地进行试验，以彻底地揭示这个自然之谜。到那时，人们将可以采取措施，把海龟引导到自然保护区的海滩上去产卵繁殖，那将是拯救海龟这种濒临灭绝物种的新方法。

乌贼发光之谜

黑沉沉的夜，千百万只闪着光的"生物火箭"在海面上掠过，像一片磷火，飘荡闪烁。这是深海乌贼借着夜色浮上了海面。有幸得以目睹这种乌贼发光景象的科学家们，无一不用赞叹的口气来描绘这一海上奇观。

1834年，法国博物学家韦拉尼首先发现了深海乌贼身上有200个发光点，其中有的较大的发光点直径达到75毫米，真像一个个小探照灯。这些奇异的发光点放出华美的光彩，使人们惊叹不已。

1954年，法国潜水专家库斯托乘深潜器潜入2100米的海洋深处，他从观察窗里看到了深海乌贼发射"焰火"的情景。一只长约45厘米的深海乌贼喷射出一滴滴明亮闪光的液体，水中顿时出现了一串串灿烂的蓝绿色光点，闪烁的光点慢慢散开，变成一片发光的火焰，在黑暗的深海里辉耀了好几分钟。

深海乌贼的长臂上长着一些较大的发光点。这些发光点在体前摇晃着，好像一盏盏灯笼。这种发光器官的工作效率极高，发出的光有80%～90%是由短波光组成，热射线只占百分之几。而我们日常用的电灯光源——白炽灯只能把能量的4%转变为光，其余都变成热能而浪费掉了；霓虹灯的效率稍高，但也只有10%的能量转化为光。比较起来，深海乌贼的光源实在是一种高效率的冷光源，它将启示人类，去寻找和创造更为理想的光源。

美国生物学家卡尔·秦教授研究过一种外号叫"怪灯"的深海乌贼，它是从南大西洋1200米深处捉来的。这只深海乌贼身上共有24个较大的发光器官：两只长臂上各有两个，两眼下面各有5个，还有10个对称地排列在身体的下边。秦教授说："其他深海动物显出的一切奇异色彩，都远远比不上深海乌贼的这些发光器官的颜色。你看，它的头部五光十色，仿佛戴了顶宝石镶成的王冠，眼睛周围发出绀青色的光，身体两边闪耀着珍珠的清辉，肚子下面放出红宝石的光华，背上呈现雪白莹亮的光泽。深海乌贼的发光体真是一种奇迹！"

深海乌贼的发光机制极为复杂，生物学家们认为，这是由一种特殊的发光细菌引起的。深海乌贼卵在发育阶段受到祖传下来的发光细菌的感染，发光细菌和深海乌贼一起生长。这样世代相传，发光细菌也得到永生，它们沿着微细管进入具有氧气等优越条件的发光器中放出光焰。如果含发光细菌的黏液被喷到海水中，遇氧发生化学反应，也会产生绚丽的光彩。

深海乌贼为什么要发光呢？也许是用来吓唬天敌的，也许是为了吸引异性或纠合同类，或是猎取食物时用来照明的。这仍是令海洋生物学家们惑然不解的自然之谜。

海鸟导航之谜

　　飞机在无垠的天空中飞行，没有导航仪器是不可想象的事。几十年来，有大量飞机因导航仪器失灵而遇难，许多飞行人员和旅客为此而丧生。为了解决飞机导航问题，减少空难事故，世界各国不惜耗费巨资来研制各种精密仪器。然而，在海洋上定期迁徙的海鸟，却天生具备准确导航的本领，它们长途飞行千万里，总能够准确无误地到达目的地。像北极燕鸥，每隔两年就要进行一次从北极到南极的长途飞行，若没有高超的导航本领，是无法飞越这漫长的旅途的。那么，这些海鸟在无边无际的大海上空飞行，是靠什么来导航的呢？

　　这是一个还没有完全揭开的自然

之谜。人们为此进行了长期的观察和研究。有人将出生在英国斯克科尔姆岛的曼克斯海鸥分别送到欧洲大陆各个地方释放,结果发现,当天气晴朗的时候,这些被释放的海鸥都不约而同地朝着它们的出生地飞去。

有一只海鸥是由水路经大西洋,过直布罗陀海峡,再经地中海送往意大利的威尼斯,然后再释放的,可这只海鸥竟没有从原路返回,而是选择了一条近得多的陆路直飞斯克科尔姆岛。它飞越阿尔卑斯山,横穿法国和英吉利海峡,行程1700多千米,历时10天,顺利地回到了自己的出生地。还有人将一些信天翁从它们的栖居地带往遥远的他乡,这些信天翁一旦获释,便以惊人的速度返回故乡,绝不会找不到返乡之路,其中有一只信天翁只用了10天时间就飞完了5800多千米的路程,准确快捷地回到家。

有些海鸟在旅途中是昼夜兼程。人们在这些海鸟身上系上小灯泡,以观察它们在夜间飞行的情况,结果发现,在月朗星稀的夜里,它们总是毫不犹豫地直接朝着故乡的方向飞去;而当天空阴云密布的时候,情况就不同了,许多海鸟显得惶惑不安,不知

所向,毫无目的地盘旋和起降,直到天气晴朗,才又坚定地朝故乡飞去。根据这些现象,人们开始猜测,海鸟很有可能是依靠星象来导航的。

为了证实这一点,科学家们设计了一个可以由人工控制的人造"星空",将捕到的海鸟置于其中。果然,海鸟就像在自然环境里一样,准确地调整了自己的飞行方向。尤其当"星空"出现与其出生地相应的景象时,它们更显得异常兴奋,表现出跃跃欲飞的架势。这个试验证实了海鸟是根据星象来进行定位和导向的推测。

但是,海鸟为什么会有这种特殊的生理机能呢?科学家们仍然不能确切地回答这个问题。目前有两种假设。一种假设认为,光照周期可能是其中的关键因素,所有海鸟体内都有生物钟,这些生物钟始终保持着与它们出生地或摄食地相同的太阳节律。另一种假设则认为,海鸟高超的导航本领,是由于它们高度发达的眼睛能够测量出太阳的地平经度。这两种假设都还没有结论,仍在进一步探索之中。

现在还有一种理论认为,鸟类

的迁徙习性是由史前时期觅食的困难造成的。为了寻找食物，鸟类不得不进行周期性的长途旅行。这样年复一年，世世代代，经过漫长的演化过程，各种迁徙习性被记录在它们的基因遗传密码上，然后通过核糖核酸分子一代一代传了下来。像那些很早就被它们父母抛弃了的幼鸟，在没有成鸟带领、也没有任何迁徙经验的情况下，竟能成功地飞行几千里，抵达它们从未到过的冬季摄食地。看来，对于鸟类这种内在的迁徙本领，只能用遗传密码来作解释。

另外，人们知道，在星象导航中，最重要的条件莫过星星的位置了。然而，天体却并不是永恒不变的，像我们地球所属的太阳系里就有许多昼夜运行着的行星。那些利用星象导航的海鸟为什么不会被这些明亮的运动着的行星所迷惑呢？鸟类的遗传密码又是如何补偿行星的逐年变化的呢？这又是至今人们尚未揭示的奥秘。

在研究中，人们还发现，海鸟除了利用星象导航以外，它们的红外敏感性、对地球磁场的反应以及它们的嗅觉和回声定位系统，可能也在导航中起了作用。但对于海鸟的这几种导航的机制，人们也还没有完全搞清楚。

海底美人鱼之谜

挪威华西尼亚大学的人类学家莱尔·华格纳博士认为，美人鱼(或 究报告中，提到新几内亚的土著人曾目睹人鱼出现的事实。这类生物的头和上身与人相似，而下半身则有一条像海豚那样的尾巴。据那些土著人描述，人鱼和人类最相似之处就是它们

有很多的头发，其肌肤十分嫩滑，而雌性的乳房和人类女性的乳房更是相似。所以，华格纳博士认为，有足够的证据证明人鱼的存在。

有关目睹人鱼的报道并不限于新几内亚，在英国的苏格兰也有这样的报道。1974年，苏格兰的一位教师

威廉·马龙曾看到过人鱼。他在报告中说，发现人鱼的地方是苏格兰一处名叫基斯尼斯的海滩。他在那里散步时，突然之间见到海中出现一个"裸体美女"。它长有长长的褐色头发。但当它跃出水面时，他清楚地看到，它的下身是一条鱼尾。这条美人鱼在水面上大约游了4～5分钟，并且还向他凝视了一会儿，才消失在大海中。

有关美人鱼的传说很多。发现美人鱼的地方包括南太平洋、苏格兰、爱尔兰一带的海面，以及北海、红海等。1960年，英国海洋生物学家安利斯汀·爱特博士曾发表了一篇有关人鱼的论文。他认为，人鱼可能是类人猿的另一变种。他在论文中提出，婴儿出生前生活于羊水中，刚一出生时就可以在水里游。因此，一种可以在水中生存的类人猿动物的存在，并不是一件十分奇怪的事。事实上，在古代希腊的画中，也画有一种半人半鱼的怪物。

在人类历史上，有不少民族记载了人鱼的存在。或许在那茫茫大海之中，的确存在着一种自古就流传下来的人鱼生物。这一千古疑谜，相信终有一天会被人们揭开。

动物"里"之谜

"里"是新几内亚新爱尔兰岛上的巴洛克部落对一种似人的海洋动物的称呼。这种动物有与人相似的头和躯干，但没有脚，尾部呈钩形，叫声也与人相似。在巴洛克部落中，许多人都见到过"里"，有的人还抓到过"里"。

1983年6月，美国《潜动物学》杂志主编理查德·格林威尔、人类学家罗伊·瓦格纳、地理学家盖尔·雷蒙特三人，出发去新几内亚的新爱尔兰岛，对"里"进行了一次实地考察。以下是发表在《潜动物学》杂志上的格林威尔写的关于考察"里"的一篇文章的摘录：

到达新爱尔兰岛，我们马上去巴

洛克部落的村庄里访问。我们所遇到的巴洛克人都坚持说"里"是肯定存在的。后来,我们在拉玛特海湾观察了两三个星期,但没有看到"里"。有人建议我们到诺工湾去,说那里的村民每天都能在海面上见到"里"。

我们朝南走了80千米路,到达了诺工湾。诺工湾约有460米宽,两边都是高耸的岩石,海水呈青绿色,海滩上零零落落有几座茅草小屋。

我们询问当地人有关"里"的事情。他们回答说不知道。后来我们才弄清楚了,居住在诺工湾的是苏苏拉加族人,在他们的语言中,这种动物叫"伊尔卡"。他们对"伊尔卡"的描述与巴洛克人对"里"的描述完全相同:与人相似的两个手臂长在身体两侧,两只眼睛在头部前方,嘴小而突出,下半身与鱼相似,没有鳞,皮肤很光滑。

从这些描述来看,这是一种哺乳动物。也许这不过是儒艮,我知道有一种儒艮就生活在澳大利亚和新几内亚一带海域。奇怪的是,当地人都知道儒艮是另一种动物,不是"里"或"伊尔卡"。在苏苏拉加族人的语言中,儒艮叫作"内拉西"。

7月5日,我们一清早就出发了。

因为据当地人说，清晨和黄昏常可见到这种动物。太阳刚露面，我和瓦格纳就到了诺工湾边的崖石上，雷蒙特留在村庄附近观察。

突然，海滩上有一群孩子向我们招手。我们赶紧飞奔到那里，原来他们正在观看一头"伊尔卡"！我朝海面望去，只见一个黑色的、光滑而又细长的动物曲线状地跃出水面，然后又钻入水下，露出水面的时间只有约两秒钟。我没有看到它的头、肢体或脊鳍，但看到它能轻易地朝背后弯曲，这是我所知道的任何海洋哺乳动物所办不到的。

10分钟后，它又出现了，以后每过10分钟它就露出海面一两秒钟。后来，它露面的时间间隔越来越短，很明显，它已发现我们了。有一次，我看到了它的美丽的钩状尾巴。瓦格纳赶紧按下照相机的快门，但由于海面波浪滔滔，距离也远，所拍的照片很不清楚。我们离那怪物15米时，它不见了。

回到村庄后，我们才知道雷蒙特比我们先看到"里"。我们在崖石上时，他已观察了"里"20分钟。他说那是一个细长的、浅棕色的动物，没有背鳍，在水中游得很快，像鱼雷。

以后的几天中，我们整天在海湾水面观察，但再也没有机会能那么近、那么长时间看到"里"。我们在海滩和崖石之间布设了一张大网，捕到不少鱼，但没有捕到"里"。

返回美国后，我走访了夏威夷海洋研究所。在那里，我把各种海洋哺乳动物与"里"进行比较，但没找到相似的动物。只有两种海豚是没有背鳍的，但它们的习性和行为与"里"相差很大。至于海豹，那个地区根本没有。儒艮倒是有可能，但儒艮在水下只能呆1分钟左右，而"里"每隔10分钟才到海面呼吸。再说儒艮游得很慢，而且只吃素食，它在水面时身体并不弯曲，而"里"几乎能成直角状在水面垂直站立。

我请教了不少海洋生物学家，但至今没人能肯定我们看到的究竟是什么。也许我们发现了一种新的海洋哺乳动物，也许"里"才是传说中的美人鱼？我相信，总有一天，"里"的秘密会被揭开。

鹦鹉螺之谜

鹦鹉螺是生活在海底的头足纲软体动物。它的壳很大，灰白色的壳表面有许多橙红或褐色的花纹，壳内面有极美丽的珍珠光泽。它有数十条丝状触手，白天潜伏海底，夜间群游海中，肉可供食用，壳可做装饰品或制作器物等。

在古生物学和天文学研究领域，鹦鹉螺可说是大名鼎鼎。这是由于一种大胆而新奇的理论——可以从鹦鹉螺的化石中得知月球的发展史所引发的结果。

提出这种理论的是德国古生物学家卡恩和美国天文学家庞比亚。卡

恩研究鹦鹉螺的生长史，庞比亚研究月球发展史。月球和鹦鹉螺这两种东西，一个在天上，一个在海底，相距十万八千里，可说是风马牛不相及。可是，两位探索者就在这两种毫不相干的东西之间，发现了一种料想不到的联系。

你只要取一个鹦鹉螺来观察，就可以看到螺壳内分隔成许多小室。最末的一个小室是它居住的地方，称为"住室"；其余的小室可贮存空气，叫作"气室"。鹦鹉螺在慢慢地成长着，小室的数目也在不断增加。每个新小室筑成后，鹦鹉螺就抽出海水充入空气。它通过调节室内的水分使身体在海里浮沉。小室与小室之间有隔板隔开。小室的壁上有一条条清晰的环纹，这就是它的生长线。

卡恩考察过不少鹦鹉螺，发现它们尽管种类不同，但只要是生活的地

质年代相同，那么每个小室壁上的生长线的条数就都一样。拿现代鹦鹉螺来说吧，平均每个小室壁上都有30条生长线，这个数字刚好与当前月亮绕地球一周(即太阴月)的天数相符合。卡恩马上意识到，是不是这种海螺的螺壳每天产生出一条生长线，而每个太阴月又形成一个小室呢？假如是这样的话，那鹦鹉螺的化石一定记录了古太阴月时间的长短，而至今尚不清楚的月球逐渐远离地球的历史也就能从中得知了。

为了证实这个设想，卡恩把多年来从各地收集到手的鹦鹉螺都逐一进行了仔细的研究。这些鹦鹉螺从4.2亿年前的化石到今天的活体都有。有趣的是，它们生长的地质年代越古老，每个小室壁上的生长线的条数就越少。例如，6950万年前的鹦鹉螺每个小室壁上有22条生长线，而3.26亿年前的鹦鹉螺化石每个小室壁上只有15条生长线。如果按照鹦鹉螺每天产生出一条生长线的假设来计算，那么

6950万年前每一个太阴月的时间可能是22天，而3.26亿年前则是15大。使卡恩感到鼓舞的是，这个推断与天文学家庞比亚发现的月球过去离地球较近，因而绕地球公转一周所需时日较少的情况是一致的。这也就是说，在鹦鹉螺壳的小室里，记录着月亮在亿万年漫长岁月里的变化，说明月亮原来离地球是比较近的，那时月亮绕地球一周只需15天，后来它越转越远了，绕地球一周需22天，而现在月亮绕地球一周约需30天，将来还会不断地远下去。

但是，这是否就是揭示月球发展史奥秘的钥匙呢？目前还缺乏更有力的证据，例如鹦鹉螺究竟是不是每天产生出一条生长线，是不是每30天形成一个小室？现在还无法从实验研究中加以切实证明。另外，使人遗憾的是，过去曾经分布较广的鹦鹉螺，如今只剩下生存在西南太平洋洋底的几个极少品种了，因而要完全揭开鹦鹉螺之谜也就更加困难了。

海狮和海豹吞石之谜

海狮和海豹都是生活在海洋中的兽类，它们的前后肢变成鳍状，以鱼类、头足类、甲壳类和贝类等为食。

在对海洋兽类的研究中，动物学家发现海狮和海豹都有吞石的习性。它们吞食那些光滑的小鹅卵石，有时也吞食像高尔夫球大小的海滩石。人们曾在一头海狮的胃里发现约有11千克重的石头。海狮和海豹为什么要吞食石头？人们的说法不一。

猎捕海狮和海豹的人们长期以来一直认为，海狮和海豹吃石头的目的是调节体内的平衡。石头的重量，可降低海狮和海豹体内脂肪的浮性。不过，大多数科学家不同意这种意见。他们认为，海狮和海豹胃里的石头，如同鸟类嗉囊里的用以磨碎谷物的小碎石一样，是用来帮助弄碎食物的。海狮最喜欢吃的乌贼、鱿鱼像橡胶似的，海豹常吃的甲壳类和贝类都有很硬的外壳，这些食物都不好消化，胃里有了石头，有利于将食物弄碎，促

进消化吸收。

　　还有一种解释是，海狮和海豹吞石，是为了打掉胃里讨厌的寄生虫。海狮和海豹都会受到绦虫和线虫的折磨，它们用胃里的石头把这些寄生虫磨烂。不过，绦虫一般是寄生在小肠中，线虫除寄生于胃部外，还寄生于肠、肺、肝、眼、肌肉、皮下组织等处，胃里的石头对寄生在其他器官和组织中的线虫和绦虫不会有什么作用，因而这一说法也难以使人信服。

　　海狮和海豹是不可能把吞下去的石头消化掉的。石头在发挥了作用之后，不是通过肠道和肛门排出，而是由胃中上反到口里吐掉，然后它们再吃进新的石头。因而有人认为，海狮和海豹吃石头只是为了填饱肚子，以解饥饿之苦。也有人认为，它们只是吃着玩，把吃石头和吐石头当作一种乐事。

　　到目前为止，对海狮、海豹为什么要吞石头这一现象，还没有一个令人信服的定论。

珊瑚礁失踪之谜

近几年来，科学家们发现海洋中出现了一种反常的现象——在太平洋和大西洋的广大海域中有一大批珊瑚礁神秘地消失了！

珊瑚礁是由珊瑚虫死亡后的骨骼形成的。珊瑚虫是腔肠动物门里的一个大家族，称为珊瑚虫纲，它们生活在温暖的海洋里，拥挤地固着在岩礁上。新生的珊瑚虫就在死去的珊瑚虫的骨骼上生长。它们有的生成树枝状，有的像一个个蘑菇，有的像人的大脑，有的像鹿角，有的似喇叭，颜色有浅绿、橙黄、粉红、蓝、紫、白等等，真是五花八门、五颜六色，非常好看。珊瑚虫的触手很小，都长在口的旁边，海水流过时，触手将海水中的食物送进口中，然后在消化腔里被吸收。珊瑚虫有从海洋里吸收钙质制造骨骼的本领。老的珊瑚虫死去了，新的珊瑚虫又长了出来，就这样

一代一代地繁殖下去，它们的石灰质骨骼也不停地积累下去，逐渐地形成了珊瑚礁。因此，珊瑚礁的存在，依赖于亿万个活着的珊瑚虫。一旦这些珊瑚虫大批地死亡，珊瑚礁本身也就会失去生机，在海水的冲击下，会逐渐分化、瓦解，以致消失。

但是，为什么珊瑚虫会大批地死亡呢？

有的专家认为，海水污染是珊瑚虫大批死亡的主要原因。据科学家的观察研究，有一种海藻类植物总是伴随着珊瑚虫一起在珊瑚礁里生活。海藻可以从珊瑚虫那里获得所需要的二氧化碳，而珊瑚虫则可以从海藻身上得到氧、氨基酸和碳水化合物。但当珊瑚礁附近的海水被污染以后，海藻就无法继续生存和繁衍。一旦海藻消失，与海藻共生的珊瑚虫也随之死亡，于是引起了珊瑚礁的瓦解、

消失。

　　但有的专家提出了不同的看法。他们认为，珊瑚礁消失的原因，不是由于污染，而是由于气候变化所引起的。因为在一些没有受到污染的海域，也发生了珊瑚礁消失的现象。实验表明，海水温度在26℃左右时，最适合珊瑚虫和海藻的生存。而发生厄尔尼诺现象时，由于气候异常，引起海流发生异常，使某些海区海水温度骤然升高，有的海区水温可超过30℃，珊瑚虫和海藻不能适应这样高的水温而导致死亡，珊瑚礁也随之而消失。

　　珊瑚礁大量消失之所以引起人们的关注，是因为珊瑚礁可以为鱼类和其他海洋生物提供较为理想的栖息场所，还可以保护海岸地区不受到海浪的冲击。所以，有关的专家正在进一步地调查研究，以便解开珊瑚礁消失之谜。

海岛巨龙之谜

几个世纪以来，人们一直传说在印度尼西亚的科摩多岛上有一种"巨龙"。它力大无比，尾巴一摆能击倒一头牛；它的胃口非常大，一口气能吃下一头50多千克重的野猪。而最令人不解的是，它的口中能够喷火！

1912年，一位荷兰飞行员由于飞机发生故障，被迫将飞机降落在科摩

多岛。在岛上，他见到了那种传说中的动物。不久，他返回驻地爪哇岛，写了一份关于发现一种怪兽的报告，说是在科摩多岛的确有当地人传说中的怪兽，但它们不是"巨龙"，而是一种巨大的蜥蜴。

荷兰飞行员的报告引起了人们的兴趣。一位名叫安尼尤宁的荷兰军官登上了科摩罗岛，打死了两头怪兽，将两张完整的兽皮运到了爪哇。其中一张兽皮长达3米。经科学家们鉴别，确定是一种巨型蜥蜴，并把这种巨型蜥蜴命名为"科摩多龙"。

无独有偶。第一次世界大战结束不久，古生物学家在澳大利亚发现了科摩多龙的化石，经测定，是6000万年前的史前生物。同时，地质学家发现，科摩多岛是海底火山喷发形成的海岛，形成时间不到100万年。

这两个发现，使人们陷入了迷宫：科摩多岛诞生以前，澳大利亚的这种科摩多龙早已经灭绝。那科摩多岛上的巨蜥是从哪里来的？它们怎么能够活到今天？难道它们真是从天而降的"龙"吗？几千万年以来，它们是怎样生活的呢？这在当时成了一些难解的谜。

为了解开科摩多龙之谜，1962年，苏联学者马赖埃夫率领的探险队，在科摩多岛实地考察了几年。在发表的考察报告中说，科摩多龙体长可达3米，它们有令人恐怖的巨头，两只闪烁逼人的大眼，颈上垂着厚厚的皮肤皱褶，尾巴很长，四肢粗壮，嘴里长着26颗长达4厘米的利齿。远远望去，能看到它们口中不停地喷火，但走近一细看，那口中喷出的"火"，不过是它们的舌头。它们的舌头鲜红，裂成长长的两片，经常吐出口外，乍一看，的确像熠熠闪动的火焰。

科摩多龙以海岛上的野鹿、猴子、鸟、蛇、老鼠和昆虫为食。它们会游泳，当然也会下到海边捕食一些海洋生物。它们生性不好动，很少追捕猎物，多采用"伏击"的办法猎食，待猎物靠近，猛地用尾巴一扫，将猎物击倒，然后扑上去将其咬住、吞下。科学家们看到一头科摩多龙把一只野猪击倒后，竟像吃肉丸子似的一口吞下。在捕捉长尾猴时，科摩多龙便潜伏在灌木丛中，待猴群靠近，"龙"会突然窜进猴群，乘众猴被吓得呆若木鸡，举起尾巴猛扫，猴子们被纷纷击倒，一眨眼工夫，一只猴子已成了巨龙的腹中物了。

如今，人们已解开了科摩多龙的许多疑谜，如雌性龙每次可产5～25枚鹅蛋似的卵，8个月后小龙便破壳而出，它们的寿命为40～50年。

但是，对于这种巨龙，至今仍有许多尚未解开的谜。例如，在自然界，有生必有死，而科摩多龙却只有生者，不见死者。人们走遍整个海岛，也未见过一具科摩多龙的尸体，就连一根残骨也没找到。难道是死者被生者吃掉了吗？可它们对任何动物尸体都厌而不食，怎么会偏偏吃自己同类的尸体呢？还有，科摩多龙的祖先是在澳大利亚发现的，它们是怎么来到科摩多岛的呢？尽管它们会游泳，但大海汪洋，水路漫漫，要游过这样遥远的距离，是难以想象的。

至今，神秘的科摩多龙仍然在科摩多岛上生活着。一些有兴趣的科学家，仍在继续探索这种海岛巨龙之谜。